国家级 **骨干高职院校建设** 规划教材

化工分离技术

陈瑞珍　郝宏强　主编

王培芬　主审

HUAGONG FENLI JISHU

化学工业出版社

·北京·

本教材由校企合作共同完成。在内容取舍与序化上，注重学生职业能力的生成而非知识的堆砌，注重学生实践技能的培养与训练，注重课程内容与国家职业标准相融合衔接，以液化烃混合物的分离、PVAc醇解废液的回收、石油裂解气的分离、氨基乙酸的结晶、由反渗透制软水五个典型工作项目为载体，学习化工生产中常用的精馏、特殊精馏、吸收、结晶、膜分离过程的基本原理、工艺流程、操作与控制、故障分析及处理等。

本书可作为高职院校化工技术类（含应用化工、精细化工、有机化工、石油化工等方向）、化学制药、轻化工等专业的教学用书，也适用作化工企业员工培训指导书及工程技术人员参考用书。

图书在版编目（CIP）数据

化工分离技术/陈瑞珍，郝宏强主编. —北京：化学工业出版社，2013.11（2025.2重印）
国家级骨干高职院校建设规划教材
ISBN 978-7-122-18665-2

Ⅰ.①化… Ⅱ.①陈…②郝… Ⅲ.①化工过程-分离-高等职业教育-教材 Ⅳ.①TQ028

中国版本图书馆CIP数据核字（2013）第243725号

责任编辑：张双进 窦 臻　　文字编辑：糜家铃
责任校对：王素琴　　装帧设计：尹琳琳

出版发行：化学工业出版社（北京市东城区青年湖南街13号 邮政编码100011）
印　　装：北京建宏印刷有限公司
787mm×1092mm 1/16 印张10 字数234千字 2025年2月北京第1版第6次印刷

购书咨询：010-64518888　　售后服务：010-64518899
网　　址：http：//www.cip.com.cn
凡购买本书，如有缺损质量问题，本社销售中心负责调换。

定　价：25.00元

序

PREFACE

配合国家骨干高职院校建设，推进教育教学改革，重构教学内容，改进教学方法，在多年课程改革的基础上，河北化工医药职业技术学院组织教师和行业技术人员共同编写了与之配套的校本教材，经过 3 年的试用与修改，在化学工业出版社的支持下，终于正式编印出版发行，在此，对参与本套教材的编审人员、化学工业出版社及提供帮助的企业表示衷心感谢。

教材是学生学习的一扇窗口，也是教师教学的工具之一。好的教材能够提纲挈领，举一反三，授人以渔，而差的教材则洋洋洒洒，照搬照抄，不知所云。囿于现阶段教材仍然是教师教学和学生学习不可或缺的载体，教材的优劣对教与学的质量都具有重要影响。

基于上述认识，本套教材尝试打破学科体系，在内容取舍上摒弃求全、求系统的传统，在结构序化上，从分析典型工作任务入手，由易到难创设学习情境，寓知识、能力、情感培养于学生的学习过程中，并注重学生职业能力的生成而非知识的堆砌，力求为教学组织与实施提供一种可以借鉴的模式。

本套教材涉及生化制药技术、精细化学品生产技术、化工设备与机械和工业分析与检验 4 个专业群共 24 门课程。其中 22 门专业核心课程配套教材基于工作过程系统化或 CDIO 教学模式编写，2 门专业基础课程亦从编排模式上做了较大改进，以实验现象或问题引入，力图抓住学生学习兴趣。

教材编写对编者是一种考验。限于专业的类型、课程的性质、教学条件以及编者的经验与能力，本套教材不妥之处在所难免，欢迎各位专家、同仁提出宝贵意见。

河北化工医药职业技术学院　院长　柴锡庆

2013 年 4 月

前　言

化工分离技术课程是化工技术类专业的核心课程。

编者在对京津冀及周边区域有机（精细）化工、石油化工、化学制药行业大中型企业技术技能人才需求调查以及对毕业生工作岗位跟踪反馈基础上，确定本课程面向的职业岗位群：精馏工、吸收工、结晶工、化工总控工，以及从事化工分离装置的安全运行、维护等工作岗位，即进行开车、停车、正常运行、故障分析处理。

课程主要培养化工操作人员对化工分离装置的操作控制能力，即工艺流程图的绘制和识读，相关设备、阀门、仪表的使用、维护及工艺参数的调控能力。要求学生掌握分离过程基本原理、熟悉工艺流程和设备结构、理解工艺参数的测量与控制方法、能按照工艺操作规程开停车、初步分析生产中的异常工况并处理，获得精馏等分离岗位所需的理论知识和技能，为将来从事化工生产的运行及管理等工作，打下坚实的基础。

本教材由校企合作共同完成。在内容取舍与序化上，注重学生职业能力的生成而非知识的堆砌，注重学生实践技能的培养与训练，注重课程内容与国家职业标准相融合衔接，以液化烃混合物的分离、PVAc醇解废液的回收、石油裂解气的分离、氨基乙酸的结晶、由反渗透制软水五个典型工作项目为载体，学习化工生产中常用的精馏、特殊精馏、吸收、结晶、膜分离过程的基本原理、工艺流程、操作与控制、故障分析及处理等。

本教材由陈瑞珍（编写项目一、项目二）、郝宏强（编写项目三、项目四、项目五）编写，石家庄化工化纤有限公司有机分厂高级工程师王培芬主审，庞秀、焦其帅老师参与了素材整理与校对工作，统稿由陈瑞珍完成。石家庄化工化纤有限公司在教材内容的选取、参考资料的提供方面给予了无私帮助，在此一并表示衷心的感谢。

本书集作者多年来生产实习和理论教学的经验，并参考企业行业相关资料编写而成。针对目前高职学生和一线操作人员的实际情况，淡化工程计算，侧重分离原理运用及分离过程操作控制，有很强的实用性。可作为高职院校化工技术类（含应用化工、精细化工、有机化工、石油化工等方向）、化学制药、轻化工等专业的教学用书，也适用作化工企业员工培训指导书及工程技术人员参考用书。

限于编者的水平，不妥之处在所难免，恳请广大师生和读者批评指正。

编者

2013年6月

目　录

课 程 介 绍

0.1　分离过程的重要性

分离过程是将混合物分成组成互不相同的两种或几种产品的操作（见图 0-1）。

（1）分离过程在现代工业生产中的地位

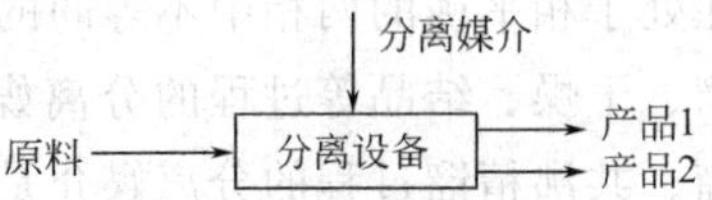

一个典型的化工生产过程通常由原料预处理、单元反应和反应产物的提纯与精制三部分组成，分离操作一方面为化学反应提供符合质量要求的原料，清除对反应或催化剂有害的杂质，减少副反应和提高收率；另一方面对反应产物进行分离提纯以得到合格的产品，并使未反应的反应物得以循环利用。对大型的石油化工生产过程，分离装置的费用占总投资的 50%～90%。如石油裂解气的深冷分离、芳烃分离等过程中，分离操作就是整个过程的主体部分。因此，在提高生产过程的经济效益和产品质量中起举足轻重的作用。

分离媒介
原料　分离设备　产品1
产品2

图 0-1　分离过程示意图

在医药、食品、冶金、生化和环保等领域也都广泛地应用到分离过程。如，药物的精制和提纯；啤酒澄清与食品的脱水、从矿产中提取和精选金属；抗菌素的精制和病毒的分离。

现代工业（尤其化工生产）的不合理排放会造成污染，所产生三废的处理和排放都离不开分离过程。

（2）分离过程与清洁工艺

清洁工艺也称少废、无废技术，即生产工艺和防治污染有机地结合起来，将污染物减少或消灭在工艺过程中，可以有效减少工业污染问题。核心是将过程所产生的废物最大限度地回收和循环使用，减少生产过程中排出废物的数量。图 0-2 所示的闭路循环系统是清洁工艺的重要内容。如果工艺中的分离系统能有效地进行分离和再循环，那么该工艺产生的废物就最少。

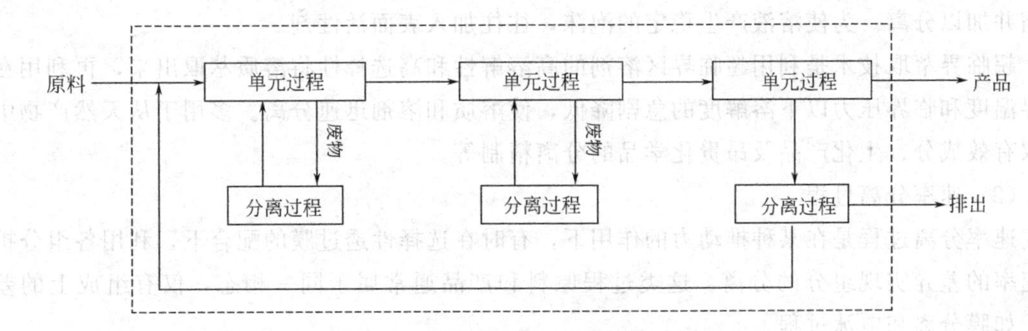

图 0-2　生产工艺过程的闭路循环示意图

实现分离与再循环系统使废物最小化的方法有：废物直接再循环（如工艺废水代替部分新鲜水的循环使用），净化原料，循环利用加入的附加物质（如特殊精馏中加入的溶剂），将废物流股中有用物质回收等。

0.2 传质分离过程

分离过程可分为机械分离和传质分离两大类。机械分离过程用于两相以上混合物的分离，各相间无质量传递。如过滤、沉降、离心分离、旋风分离和静电除尘等。传质分离过程用于均相混合物的分离，特点是有质量传递现象发生，按所依据的物理化学原理不同，传质分离过程又可分为两大类，即平衡分离过程和速率分离过程。

（1）平衡分离过程

平衡分离过程是借助分离媒介，使均相混合物系统变成两相系统，再以混合物中各组分在处于相平衡的两相中不等同的分配为依据而实现分离。分离媒介可以是能量或物质。如精馏、干燥、结晶等过程的分离媒介是能量，吸收、萃取等过程的分离媒介是物质，萃取精馏、共沸精馏过程的分离媒介是既有物质也有能量。

当被分离物系中各组分的挥发度相差很大时，闪蒸或部分冷凝可满足所要求的分离程度。

若组分之间的相对挥发度差别不够大，采用精馏才可能达到所要求的分离程度。

当被分离组分间相对挥发度差别很小，需采用很多塔板数的精馏塔才能分离时，可考虑采用萃取精馏（或共沸精馏）。

吸收用于分离气体混合物，利用原料中的各组分在液体吸收剂中的溶解度不同将其分离，多在室温和加压下进行。解吸是吸收的逆过程，用来分离吸收液以回收溶剂和溶质，可通过气提气体与液体原料接触、加热、减压来达到分离目的。

结晶操作用于提纯多种有机产品及无机产品，生产小颗粒状固体产品。其目的是要使杂质留在溶液里，而所希望的产品以晶体形式从溶液中析出来。

离子交换分离采用离子交换树脂有选择性地除去某组分，而树脂本身能够再生，它广泛用于水的软化和抗生素的分离。

吸附一般限于分离低浓度的组分，可用于多种气体和有机液体的脱水和净化分离。

泡沫吸附分离适于溶液中痕量物质的分离回收。它基于物质有不同的表面性质，当惰性气体在溶液中鼓泡时，某组分可被选择性地吸附在气泡表面上，直至带到溶液上方泡沫层内浓缩并加以分离。为使溶液产生稳定的泡沫，往往加入表面活性剂。

超临界萃取技术是利用超临界区溶剂的高溶解性和高选择性将溶质萃取出来，再利用在临界温度和临界压力以下溶解度的急剧降低，使溶质和溶剂迅速分离。多用于从天然产物中提取有效成分、生化产品及昂贵化学品的分离精制等。

（2）速率分离过程

速率分离过程是在某种推动力的作用下，有时在选择性透过膜的配合下，利用各组分扩散速率的差异实现组分的分离。这类过程原料和产品通常属于同一相态，仅有组成上的差别，如膜分离和电泳过程。

膜分离是在推动力（压力差或电位差等）作用下，利用流体中各组分对膜的渗透速率的差别而实现组分分离的单元操作。微滤、超滤、反渗透和电渗析已有大规模的工业应用。其中，前三者是利用膜孔径的不同，使溶剂或小分子溶质透过膜，悬浮物或大分子溶质被膜截留，不同膜过程所截留溶质粒子的大小不同。电渗析则采用离子交换膜，在电场力的推动下，从水溶液中脱出或富集电解质。

正在开发应用中的膜技术是气体分离和渗透蒸发等。气体分离已应用于空气分离、从合成氨厂混合气中分离氢等。渗透蒸发是有相变的膜分离过程，利用混合液体中不同组分在膜中溶解与扩散性能的差别而实现分离。可用于脱除有机物中的微量水（如无水乙醇的制造）、水中的微量有机物等。

0.3 课程教学内容与目标

0.3.1 课程教学内容

化工行业作为国民经济支柱产业，对化工装置的安全运行、操作与控制、技术管理等方面的人才需求旺盛。其中精馏、吸收、结晶等分离装置在有机（石油）化工、精细化工生产中所占比例较大，其操作与控制水平直接影响化工产品的质量和企业效益。确定多组分普通精馏、特殊精馏、吸收和解吸、结晶、膜分离过程的操作与控制为本课程的主要内容。

按照高职工艺类专业人才培养要求，参照《化工总控工》、《蒸馏工》、《吸收工》、《结晶工》等职业资格标准，在教学内容上，通过五个典型项目的训练（见表 0-1），使学生在教、学、做一体化的情境教学中，学习常用传质分离过程的基本流程、操作与控制技术，积累解决实际问题的工作经验，具备一定的职业能力，并达到化工总控工（中级）、结晶工等技术水平。

0.3.2 课程教学目标

（1）知识目标

① 掌握精馏、吸收、结晶分离的原理，熟悉影响因素及其相互之间的关系。

② 熟悉精馏、吸收装置的流程组织，主要设备结构及布置要求。

③ 熟悉连续精馏装置中，主要工艺参数的控制方案及表达方法。

④ 理解精馏、吸收、结晶、膜分离的操作规程。

⑤ 了解冷冻盐水的制备方法。

⑥ 了解膜分离原理及应用。

（2）能力目标

① 能正确绘制精馏、吸收解吸、结晶、膜分离过程基本流程图。

② 能识读精馏、吸收解吸过程的现场工艺流程图和 DCS 图。

③ 能根据工艺操作规程，进行精馏、吸收的开车操作及 DCS 控制。

④ 会分析精馏、吸收运行过程中出现的一般故障并进行处理。

⑤ 能按照操作规程，规范进行结晶操作。

⑥ 会分析结晶过程中影响晶体质量的因素并进行处理。

（3）素质目标

① 具备诚实守信、敬业爱岗的良好职业道德素养。

② 具有团队合作能力和交流沟通能力。

③ 具有节能、经济意识。

④ 树立安全生产、环境保护的观念。

⑤ 具有可持续发展的能力。

⑥ 具有一定的组织能力。

表 0-1　五个典型项目

课程教学内容	项目名称
多组分精馏	液化烃混合物的分离
特殊精馏	PVAc 醇解废液的回收
吸收与解吸	石油裂解气的分离
结晶	氨基乙酸的结晶
膜分离	由反渗透制软水

项目一　液化烃混合物的分离

精馏常用于分离液体混合物，在化工生产中，处理多组分溶液的精馏更多见，较双组分精馏而言，其原理及使用设备与两组分精馏相同，但多组分精馏塔的采出位置不仅仅限于塔顶、塔釜，有些产品也会从侧线采出，如石油的分馏、粗醇精制等。由于系统的组分数目增多，影响精馏操作的因素也增多，使相关问题复杂化。

作为精馏岗位的操作控制人员，应理解精馏基本原理、熟悉现场工艺流程、能绘制带控制点的精馏流程图、识读 DCS 图，理解并按照安全操作规程进行开停车操作，并对生产中出现的异常情况能分析处理，才能做到安全生产。因此选取液化烃混合物的分离作为项目，对学生进行综合训练，任务分解见下表。

项目	任务	学习场所	参考学时
液化烃混合物的分离	识读精馏现场流程图和 DCS 图	仿真实训室 多媒体教室	4
	精馏塔的开车	仿真实训室	10
	确定精馏塔的温度	多媒体教室	4
	精馏塔停车及故障处理	仿真实训室	8
	甲醇精馏装置生产实训(开车、停车、故障处理)	分离纯化实训室 仿真实训室	40(实训周)

1.1　识读精馏现场流程图和 DCS 图

1.1.1　目标与要求

1.1.1.1　知识目标

① 熟悉精馏原理及基本流程。

② 了解精馏控制流程的规范画法（设备、管道、阀门、仪表、控制方案的表示方法）。

③ 熟悉精馏塔、固定管板式换热器（再沸器、冷凝器）的结构。

④ 理解提高冷凝器、再沸器传热效果的途径。

⑤ 了解需要控制的主要工艺参数（温度、流量、压力、液位）。

⑥ 了解全启式弹簧安全阀的结构及使用场合。

1.1.1.2　能力目标

① 能简述精馏原理要点及精馏装置的构成。

② 能规范绘制精馏基本流程图，正确绘出：

a. 设备外形轮廓（精馏塔、冷凝器、再沸器、回流槽、泵等）；

b. 管道进出口位置（塔进料位置、汽相回流位置、液相回流位置、换热器两股流体进出位置）；

c. 物料流动方向。

③ 能识读现场流程图及 DCS 图，知道现场操作与控制室操作的区别。

a. 说明备用设备（输送泵、再沸器）的用途；

b. 简述塔釜液位、灵敏板温度、回流槽液位、塔压等的控制方案；

c. 简述简单控制系统的构成。

④ 对多组分物系，能确定分离方法、选择流程方案。

1.1.1.3　学生工作页

<table>
<tr><td>姓名：</td><td colspan="2">班级：</td><td colspan="2">组别：</td><td colspan="2">指导教师：</td></tr>
<tr><td>课程名称</td><td colspan="6">精细化学品分离纯化技术</td></tr>
<tr><td>项目名称</td><td colspan="6">液化烃混合物的分离</td></tr>
<tr><td>任务名称</td><td colspan="4">1.1 识读精馏现场流程图和 DCS 图</td><td>工作时间</td><td>4 学时</td></tr>
<tr><td>任务描述</td><td colspan="6">熟悉精馏原理、基本流程、设备结构，通过学习控制流程（带控制点的工艺流程）图的绘制方法，能读懂化工车间现场流程及 DCS 图；熟悉典型参数的控制方案</td></tr>
<tr><td>工作内容</td><td colspan="6">(1)叙述精馏原理及装置的构成，正确绘制精馏基本流程
(2)叙述固定管板式、浮头式换热器结构、流体流道的确定；提高换热效果的方法
(3)识读精馏装置带控制点的工艺流程图，并简述其典型工艺参数的控制方案
(4)识读脱丁烷塔的现场流程图和 DCS 图，了解化工车间外操和内操的区别</td></tr>
<tr><td rowspan="7">项目实施</td><td rowspan="4">参考资料</td><td colspan="2">《化工仪表及自动化》等</td><td colspan="3">工艺参数控制方案的构成</td></tr>
<tr><td colspan="2">《化工设计概论》等</td><td colspan="3">带控制点的流程图绘制</td></tr>
<tr><td colspan="2">《化工单元操作》等</td><td colspan="3">固定管板式、浮头式换热器结构及应用场合</td></tr>
<tr><td colspan="2">网络资源、其他</td><td colspan="3"></td></tr>
<tr><td>教师
指导要点</td><td colspan="5">(1)精馏原理的要点及精馏装置的构成（回忆总结）；
(2)精馏基本流程的正确表达、设备结构及作用；
(3)精馏控制流程图的规范绘制要求（实例：精馏带控制点流程图）设备、管道、阀门、仪表控制的表示方法；
(4)脱丁烷塔精馏装置工艺介绍及现场流程图、DCS 图识读；
(5)连续生产需控制的工艺参数；
(6)参数控制方案的表示方法（简单控制、分程控制、串级控制）</td></tr>
<tr><td>学生工作</td><td colspan="5">(1)绘制正确的精馏装置基本流程图；
(2)识读精馏现场图和 DCS 图；
(3)叙述工艺流程及典型工艺参数的控制方案；
(4)作业：提交分离甲醇水溶液精馏流程图，画进料量、釜液位控制方案。
考虑：分离方法——常压精馏？
塔顶、塔釜产物各是什么？
怎样做才能达到规范绘制要求</td></tr>
<tr><td>评议优化</td><td colspan="5">(1)以小组为单位，评议提交流程图，组内纠错，得小组成果图；
(2)小组间评议，疑问提交教师；
(3)教师解答并引导学生完善流程图绘制，学生将工作结果填入成果表</td></tr>
<tr><td>学习心得</td><td colspan="6"></td></tr>
<tr><td>评价</td><td>考评成绩</td><td></td><td>教师签字</td><td></td><td>日期</td><td></td></tr>
</table>

1.1.1.4 学生成果展示表

姓名：	班级：	组别：	成果评价：

一、填空

1.精馏是依据被分离物系中各组分的________不同，采用液体多次________和气体多次________的传质过程来实现________混合物的分离。

2.精馏塔维持正常操作必要条件：塔顶________回流和塔底________回流。

3.精馏装置由精馏塔、________、________、________及回流泵等构成。

4.精馏流程方案确定的原则是在保证________的前提下，减少________和设备投资。

5.全凝器的结构多为________换热器，塔顶蒸气进入全凝器壳程，其相变过程的对流给热系数值________大，而提供冷量的循环水具有一定________，在受热时易________，为便于清洗走全凝器管程；对于新投用的冷凝器，管内与管间的污垢热阻可忽略，由于管内流体的对流给热系数远________管间相变流体的；故在循环水流量一定时，循环水走双管程与走单管程相比，循环水流速________、________提高，从而有效________全凝器的传热系数，强化传热效果。下式给出了列管式换热器传热系数 K 的计算式：

$$\frac{1}{K}=\frac{1}{\alpha_{内}}+\frac{1}{\alpha_{外}}+R_{内}+R_{外}+\frac{\delta}{\lambda}$$

二、规范绘制分离甲醇水溶液精馏流程图，画出进料量、釜液位控制方案。

回答：精馏塔操作压力____________（常压、减压、加压）

续表

三、参照上图，回答以下问题：

1. 精馏控制流程图的绘制要求。

(1)设备(用______线绘制反映其形状特征的______)

大小——______。

数量——______。

相对位置——______。

再沸器简易规定画法______，冷凝器简易规定画法______。

(2)管道

主要物料管线用______线绘制，公用工程管线用______线绘制。

管线绘制要横平竖直，不能避免交叉时，可采用______的原则，排液管应绘制在管线______方，要用箭头标注物料的______。

(3)阀门与管件(用______线绘制)

(4)仪表控制的表示方法

工艺参数代号：温度______、压力______、液位______、流量______。

仪表功能代号：指示______、记录______、控制______、信号______。

用符号代号表示：安装在控制室具有指示、控制及报警功能的温度仪表______。

安装在控制室具有指示及控制功能的液位仪表______。

安装离心泵出口的压力测量仪表______。

2. 连续精馏需控制的工艺参数有______、______、______、______、______。

3. 表达参数控制方案时，要画出______、______、______等。

4. 在再沸器的凝水管线中，疏水阀的作用是______、______；在长距离输送蒸汽的管道上，每隔一段距离安装一疏水器，目的也是______；在给其他物料(防止物料低温结晶)伴热的蒸汽伴管末端，也会安装疏水器，以随时排出______。

四、分析图 1-1

t-x-y 图中的两条曲线将物料分为以下五种状态：

1. 下方曲线为 t-x 线，也称泡点线（或______线），说明该曲线上的物料为______。

2. t-x 线以下区域的物料处于______状态（相当于饱和液体再降温）。

3. 上方曲线为 t-y 线，也称露点线（或______线），说明该曲线上的物料为______。

4. t-y 线以上区域的物料处于______状态（相当于饱和蒸气再加热）。

5. 两曲线之间的区域为______区，随着温度的不同，汽液两相的量发生______，具体可由______规则计算得到。

自我评价任务完成情况	

1.1.2　知识提炼与拓展

1.1.2.1　精馏原理

精馏分离的对象是液体混合物，是根据溶液中各组分挥发度的差异，采用液体多次部分气化、蒸气多次部分冷凝的气液相之间的传质，使气液的浓度发生逐级变化，从而实现分离。

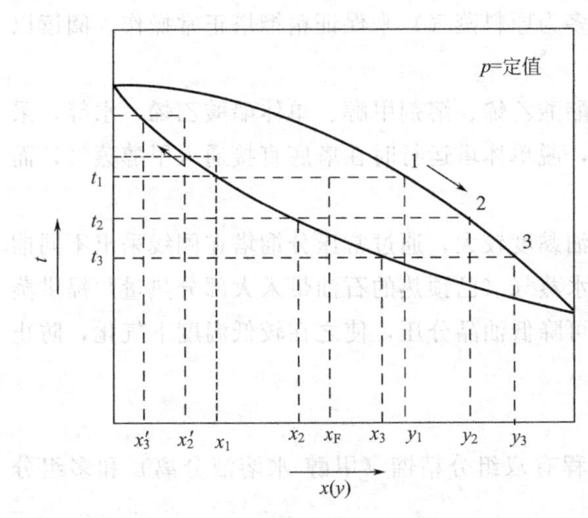

图 1-1　某物系的 t-x-y 图

由气-液平衡关系（见图 1-1）可知，液体混合物一次部分气化或混合物的蒸气一次部分冷凝，只能使混合物得到一定程度的分离，能将液体混合物较为完全分离的一般方法是精馏。

精馏原理可利用图 1-1 所示物系的 t-x-y 图来说明。将组成为 x_F 的两组分混合液升温至 t_1，使其部分气化，并将气相和液相分开，两相的组成分别为 y_1 和 x_1，此时 $y_1>x_F>x_1$，气相量和液相量可由杠杆规则确定。若将组成为 x_1 的液相继续进行部分气化，则可得到组成分别为 y_2'（图中未标出）和 x_2'的气相及液相。继续将组成为 x_2' 的液相进行部分气化，又可得到组成为 y_3'（图中未标出）的气相和组成为 x_3'的液相，显然 $x_1>x_2'>x_3'$。如此将液体混合物进行多次部分气化，在液相中可获得高纯度的难挥发组分。同时，将组成为 y_1 的气相混合物（图中 1）进行部分冷凝，则可得到组成为 y_2 的气相和组成为 x_2 的液相。继续将组成为 y_2 的气相（图中 2）进行部分冷凝，又可得到组成为 y_3 的气相（图中 3）和组成为 x_3 的液相，显然 $y_3>y_2>y_1$。由此可见，气相混合物经多次部分冷凝后，在气相中可获得高纯度的易挥发组分。因此，同时多次进行部分气化和部分冷凝，就可将混合液分离为纯的或比较纯的组分。

1.1.2.1.1　精馏原理要点

（1）精馏为双向传质过程，且伴随着传热过程

精馏塔中每一块塔板上面都存在气液两相，在一般操作条件下，液体为连续相，气体为分散相，如图 1-2 所示。在任何一块塔板上，从上一块板流下的冷液体和从下一块板上升的热气体进入该块塔板，进行热量交换，即气体部分被冷凝（放热）使得液体部分被气化（吸热）；同时，在液体部分气化时液相中易挥发组分向气相转移，气体部分冷凝过程中，气相中难挥发组分向液相转移，即双向传质。这种双向传质过程是在气泡的气-液界面上发生的。

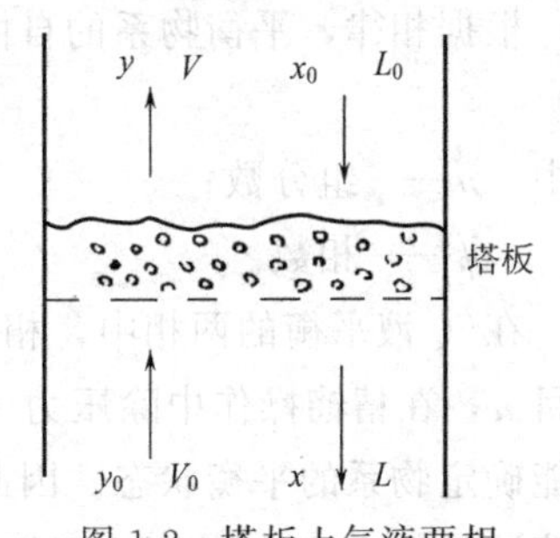

图 1-2　塔板上气液两相流动和接触状况

（2）塔板间无需外加热源

一般情况下，塔板上气体的部分冷凝过程——放出潜热，与液体的部分气化过程——吸收潜热是相互补偿的，因此不需要外加热源。

（3）精馏塔维持正常操作的必要条件：塔顶液体回流和塔底蒸气回流

塔顶蒸气经冷凝器冷凝冷却后部分回流至塔内，使上升蒸气部分冷凝，即塔顶回流的冷液体给精馏过程提供冷量；塔釜液体由再沸器间接供热，部分气化后返回塔釜，使下降的液体部分气化，即塔底回流蒸气给精馏过程提供热量，因此，精馏过程需要外界提供能量（热量和冷量）实现分离，能耗较高。

需要注意的是：当原料中有黏度较高的物料时，用再沸器间接供热会堵塞列管，这时可省去再沸器，由塔底直接通入热蒸气（一般多为原料蒸气）来保证精馏塔正常操作。阅读以下两例。

醋酸乙烯溶液聚合后的产物液中，有聚醋酸乙烯、溶剂甲醇、单体醋酸乙烯、水等，采用脱单体塔（精馏塔）将单体与聚合物分离，脱单体塔运行时在塔底直接通入甲醇蒸气，而不再使用再沸器。

石油的常压分馏塔也不设置再沸器，石油黏度较大，通过常压分馏塔在侧线采出不同馏程、用途不同的油品，该塔在塔底通入过热水蒸气（已预热的石油带入大部分热量）提供蒸气回流，水蒸气虽不是原料，但水蒸气蒸馏可降低油品分压，使之在较低温度下气化，防止石油高温裂解。

1.1.2.1.2　精馏分类

按处理原料所含组分数目多少，精馏过程有双组分精馏（甲醇-水溶液分离）和多组分精馏（甲醇-异丙醇-水溶液分离）之分。

按操作压力高低，精馏过程有减压精馏、常压精馏、加压精馏之分。常根据被分离物系的沸点高低、热稳定性、供（移）热剂选择等决定采用何种压力。如：含沸点较高的物系可考虑减压精馏，否则合适热源难寻、有机物高温分解。

按操作过程是否加入新物质，精馏有普通精馏和特殊精馏之分。如甲醇-水分离、苯-甲苯分离即为普通精馏，而工业酒精（共沸物）普通精馏得不到无水酒精，加入苯后的精馏可得到纯酒精，就属于特殊精馏。

在生产中，多组分精馏（处理的溶液中组分数目多于两个）操作较双组分精馏更为常见，其原理及使用设备与双组分精馏相同，然而由于系统的组分数目增多，影响精馏操作的因素也增多，使相关计算复杂化。以下主要讨论多组分的普通精馏。

1.1.2.2　多组分精馏流程和设备

1.1.2.2.1　多组分精馏的特点

（1）气-液相平衡计算复杂

根据相律，平衡物系的自由度 F 可由下式计算

$$F=n-\phi+2 \tag{1-1}$$

式中　n——组分数；

ϕ——相数。

在气-液平衡的两相中，相数为 2，对于有 n 个组分物系的气-液平衡，自由度等于组分数目 n，在精馏操作中除压力一般被确定外，尚需将物系中的 $n-1$ 个独立变量同时确定，才能确定物系的平衡状态。因此，随着物系中组分数目的增多，自由度相应增加，使得多组分溶液的气-液平衡计算比双组分复杂得多。

（2）所需精馏设备多

对于不形成共沸物的双组分溶液，采用一个精馏塔就可以在塔顶、塔釜分别得到轻、重组分。对于多组分溶液，因受气-液相平衡的限制，要在一个塔内同时分离出几个纯组分是不可能的。因此，分离含 n 个组分（不形成共沸物）的溶液，要想得到 n 个纯组分，则需 $n-1$ 个塔。

(3) 精馏流程方案多

双组分精馏只需一个精馏塔即可实现分离。但精馏分离三组分溶液时，就有两种流程方案可供选择；处理四组分溶液时，若想精馏分离得到四个纯组分，则有五种精馏流程方案（见图 1-3)。因此随着被分离组分的增多，如何选择合理的流程方案就成为多组分精馏的一个重要问题。

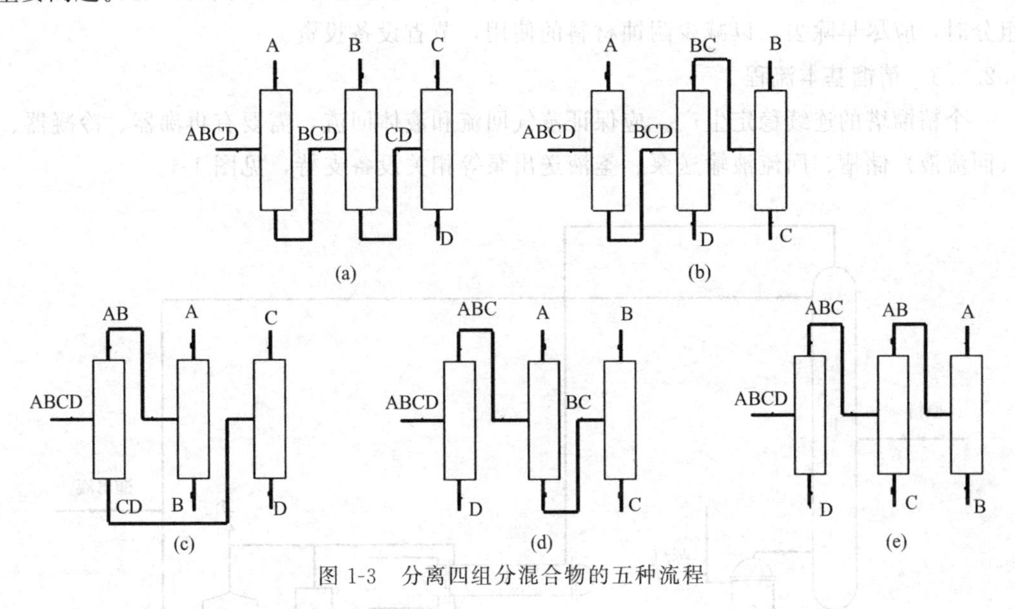

图 1-3 分离四组分混合物的五种流程

1.1.2.2.2 精馏流程方案的选择

(1) 精馏流程方案的类型

按照组分采出顺序，流程方案可分为三个类型：

① 按挥发度递减顺序采出；

② 按挥发度递增顺序采出；

③ 按不同挥发度交错采出。

四组分物系有五种分离方案，图 1-3 (a) 方案为按挥发度递减顺序采出，(e) 方案为按挥发度递增顺序采出，另外三种[(b)～(d)]均为按不同挥发度交错采出。由此可见，精馏流程方案数随着组分数的增加而剧增。

(2) 精馏流程方案的选择

实际生产中，必须从众多的流程方案中确定出一个最佳方案，以保证产品的经济技术指标。选择分离方案时，一般遵循以下几条经验规律。

① 满足工艺要求。这是确定精馏流程方案最重要的原则。一般对需要严格控制纯度的产品，应该从塔顶采出（该产品是进塔原料中的最轻组分）或塔顶以下若干塔板处侧线采出；为避免成品塔之间的相互干扰，确保产品质量，可选用并联流程；对结焦、受热后易聚合或分解的有机物应尽早将其分出。

② 减少能量消耗。精馏过程所耗能量主要是塔顶冷凝器消耗冷量和塔釜再沸器消耗热量。上升蒸气量大，消耗热量多，比较图 1-3 中的五个方案可知，方案（a）有利于减少能量消耗，而方案（e）能量消耗最多，其他方案能耗介于（a）、（e）之间。

经验表明，将料液分割为物质的量近乎相等的塔底和塔顶产物，有利于减少能耗。

③ 节省设备投资。设备投资正比于设备尺寸、所用材质等。塔内蒸出组分多，气相负荷大，塔径加粗、相应的冷凝器和再沸器的传热面积也加大，也就增加了设备投资，比较图 1-3 中的五个方案可知，方案（e）设备投资高，而方案（a）设备投资较低。

要求分离纯度很高（或很高回收率）的组分塔应放在最后，否则又高又大的塔将增加投资；进料中某组分的量占主要时，应将其提前分出，以减少后续塔的负荷；进料中有强腐蚀性组分时，应尽早除去，以减少耐蚀材料的使用，节省设备投资。

1.1.2.2.3　精馏基本流程

一个精馏塔的连续稳定生产，应保证蒸气回流和液体回流，需要有再沸器、冷凝器、凝液（回流液）储槽、回流液输送泵、釜液送出泵等相关设备支持，见图 1-4。

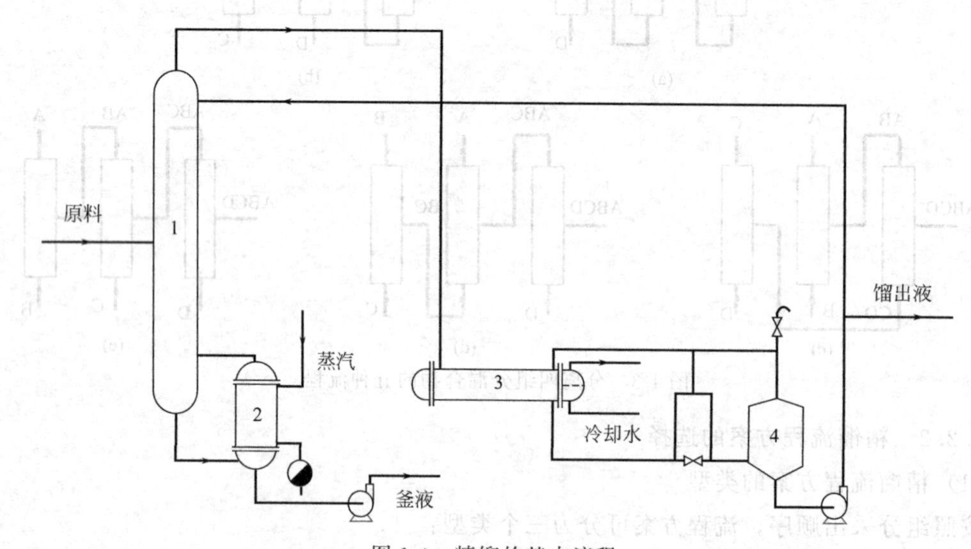

图 1-4　精馏的基本流程

1—精馏塔；2—再沸器；3—冷凝器；4—回流槽

看图 1-4 思考下述问题：

① 冷凝器、再沸器的结构特点是什么？

② 换热设备内两股流体流道如何确定？

③ 冷凝器中冷却水走双管程比单管程有何优势？

④ 再沸器与精馏塔的相对位置有何要求？

⑤ 维持冷凝器管间有一定液位的目的是什么？

⑥ 若釜液采出后需要降温，可选用哪种类型（固定管板式、浮头式）的换热器？

⑦ 疏水阀的作用是什么？

1.1.2.2.4　精馏设备

（1）精馏塔

精馏塔的基本功能是提供气液两相充分接触的机会，使传质、传热过程能够迅速、有效地进行，并使接触之后的气液两相能及时分开。

根据塔内气液接触部件的结构形式，塔类设备分为板式塔和填料塔两大类。前者属于气液逐级接触方式，后者属于气液连续接触方式。生产中所采用的精馏塔多为板式塔，与填料塔相比，板式塔具有空速气速高、处理能力大，在采用大直径时重量轻、造价低和检修方便等优点。

对于腐蚀性物料、高黏度物料、易发泡物系、热敏性物质或真空操作的物系宜采用填料塔。

本处只介绍板式塔的总体结构。

板式塔的总体结构相似，但塔板类型很多并各有特点。一般而言，同一塔中各层塔板的结构相同，进料区、塔顶、塔底均留有较大的空间。整个塔的结构包括塔体、裙座、塔板、人孔及各种出入料口等部件。

① 塔体：即塔的外壳，是保证塔内各构件之间相互组合的筒体，根据不同的工艺要求采用不同的钢材制成。安装时塔体要求垂直，一般的倾斜度不能超过1‰，否则将会在塔板上造成死区，使塔的效率降低。

② 裙座：起支撑塔体的作用，多为圆筒形，裙座配置在固定的混凝土基础上，并用地脚螺栓与基础固定，不用保温。

③ 塔板：又称塔盘，是板式塔中气液两相接触传质的部位，决定塔的操作性能，主要由以下三部分组成。

a.气体通道：为保证气液两相充分接触，塔板上均匀地开有一定数量的通道，供气体自下而上穿过板上的液层。气体通道的形式很多，它对塔板性能有决定性影响，也是区别塔板类型的主要标志。基本板型有泡罩、筛板、浮阀等，目前泡罩塔板使用较少。

·浮阀塔板：直接在圆孔上盖以可浮动的阀片，根据气体的流量，阀片自行调节开度。该类塔板生产能力大、操作弹性大、气体压降及液面落差较小、塔板效率较高，是化工厂精馏操作的主要塔板之一。

在上述塔板中，气体垂直向上穿过液层，以泡沫状态与液体接触，若气速高则雾沫夹带量较大，而雾沫夹带通常是限制生产能力的主要因素。新型塔板如舌形塔板、斜孔塔板、网孔塔板等可在采用较大气速时，降低雾沫夹带量，塔板压降减小。

·舌形塔板（见图1-5）：塔板上设有倾斜的舌孔，使喷出气流的方向接近水平，因而雾沫夹带大为减少，同时气流对液流有推进作用，因此气液流通过能力均较高（处理能力比泡罩、筛板约提高40%）；但塔板上液层较薄、板效率降低。若处理量较低时，易产生漏液且操作弹性小。

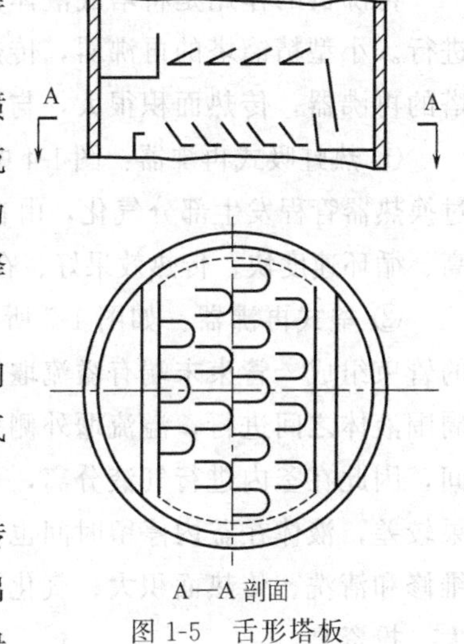

图1-5 舌形塔板

·斜孔塔板（见图1-6）：结构特点是使舌孔的开口方向与液流垂直，相邻两排的开孔方向相反，这样既允许较大气速且液层不会过薄，保证高效率。

b.溢流堰：为保证气液两相在塔板上形成足够的相际传质表面，塔板上需保持一定深度的液层，为此，在塔板的出口端设置溢流堰。塔板上液层高度在很大程度上由堰高决定。对于大型塔板，为保证液流均布，还在塔板的进口端设置进口堰。

c.降液管（溢流管）：液体自上层塔板流至下层塔板的通道，也是气（汽）体与液体分离的部位。为此，降液管中必须有足够的空间，让液体有一定的停留时间。

另有一类无溢流塔板，塔板间无降液管，仅在塔板上均匀分布长条形孔或圆形孔。开有长条形孔的称栅板，开有圆形孔的称淋降筛孔板。操作时，板上液体随机地经某些筛孔流下，而气体则穿过另一些筛孔上升。无溢流塔板结构简单，处理能力较大，压降小，但效率及操作弹性较低，应用不广，常见板型有栅板、淋降筛孔板、波纹穿流板等。

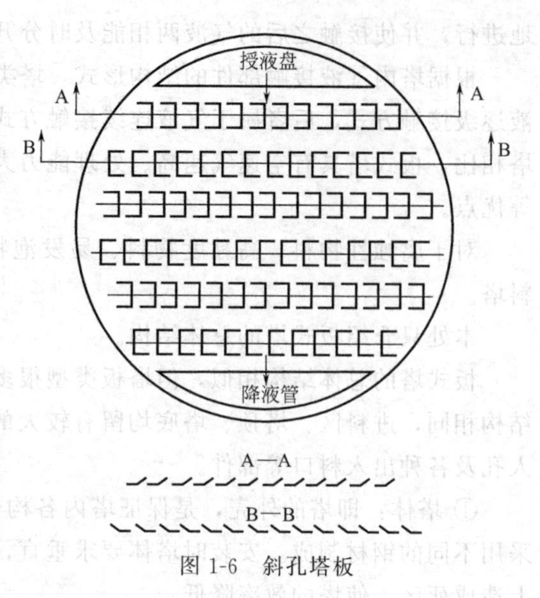

图 1-6　斜孔塔板

④ 人孔：人孔是为了进入塔内进行安装塔板或清理、检修而开设的。当精馏塔直径过小时可开设手孔，直径较大时应开设人孔，人孔直径一般为 400～450mm。

⑤ 塔顶气体出口管：塔顶气体出口管的直径较粗，以免产生过大的压降，影响塔压。塔顶应留有足够的气液分离高度，有时还安装破沫网，以分离气体中夹带的液体。

⑥ 回流液入口管：为避免回流液入塔时直接冲向塔板、产生液峰或在塔板上飞溅，在入口处要考虑设置防冲挡板、防冲斗等，以保证操作稳定。

⑦ 进料入口管：一般进料管与塔板上液流方向呈垂直布置，同时靠近上层塔板。

⑧ 塔釜蒸气入口管。

⑨ 塔釜液体出口管：塔釜应留有足够的空间，保证液体物料有一定的停留时间，经再沸器进行循环以维持塔釜温度和塔釜液位的稳定。处理腐蚀性或有毒的物料时，塔釜液体出口管不宜在裙座内直接用法兰连接。

（2）再沸器

再沸器的作用是将塔底液体部分气化后送回精馏塔，使塔内气液两相间的接触传质得以进行。小型精馏塔的再沸器，传热面积较小，可直接设在塔的底部，通称蒸馏釜。大型精馏塔的再沸器，传热面积很大，与塔体分开安装，以热虹吸式再沸器和釜式再沸器多用。

① 热虹吸式再沸器：图 1-4 中再沸器即是，固定管板式换热器垂直放置，液体自下而上通过换热器管程发生部分气化，由在壳程内的载热体供热。这种精馏塔的底座较高、液体压头高、循环速度快、传热效果好、在再沸器中停留时间短，该类再沸器在化工生产中广泛应用。

② 釜式再沸器：如图 1-7 所示，通常水平放置，由一个扩大部分的壳体和一个可抽出的管束组成，管束末端有溢流堰以保证管束能有效地沉浸在沸腾液体中，故循环在管束与其周围液体之间进行，溢流堰外侧空间作为出料液体的缓冲区，壳侧扩大部分作为气液分离空间，因此在釜内进行气液分离，可降低塔座高度；但加热管外的液体是自然对流的，传热效果较差，液体在釜内停留时间也长，因而不适于黏度较大或稳定性较差的物料。优点是方便维修和清洗、传热面积大、气化率高，但传热系数小、物料停留时间长、易结垢、占地面积大、投资高。

(3) 冷凝器

用以将塔顶蒸气冷凝成液体。最常用的冷凝器是固定管板式换热器。

对固定管板式换热器，应使易结垢物料（釜液、冷却水）走管程，洁净物料（蒸气类）走壳程；要提高其换热效果，可采用双管程换热结构。

塔顶蒸气进入冷凝器冷凝后，凝液经过“U”形管排出，“U”形管起液封作用。此时冷凝器实际上为冷凝冷却器，其换热面积被分为冷凝面积和冷却面积两部分，冷凝段只是将气体凝为液体，而经冷却段进一步降温才能达过冷状态。

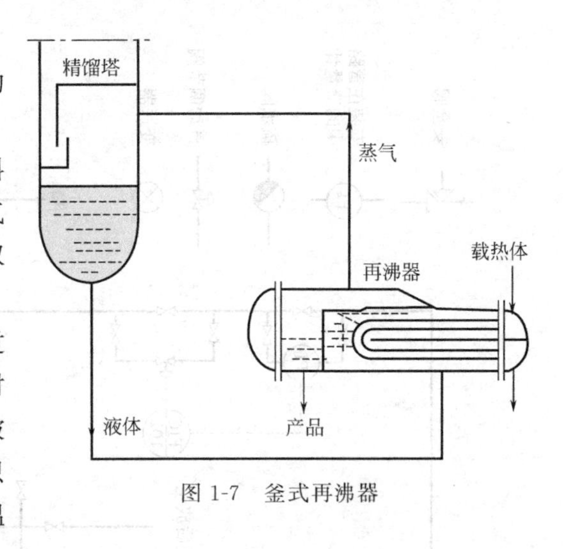

图 1-7 釜式再沸器

某些冷凝器换热面积较大，壳程长，能起到冷凝、冷却作用，可不设“U”形管。

(4) 疏水器

再沸器一般利用水蒸气的冷凝放热间接供热，为保证传热效果，凝水必须及时排出。疏水器（见图 1-8）具有阻汽排水作用，安装在凝水管线上，使凝水及时排出并防止“水击”现象发生。

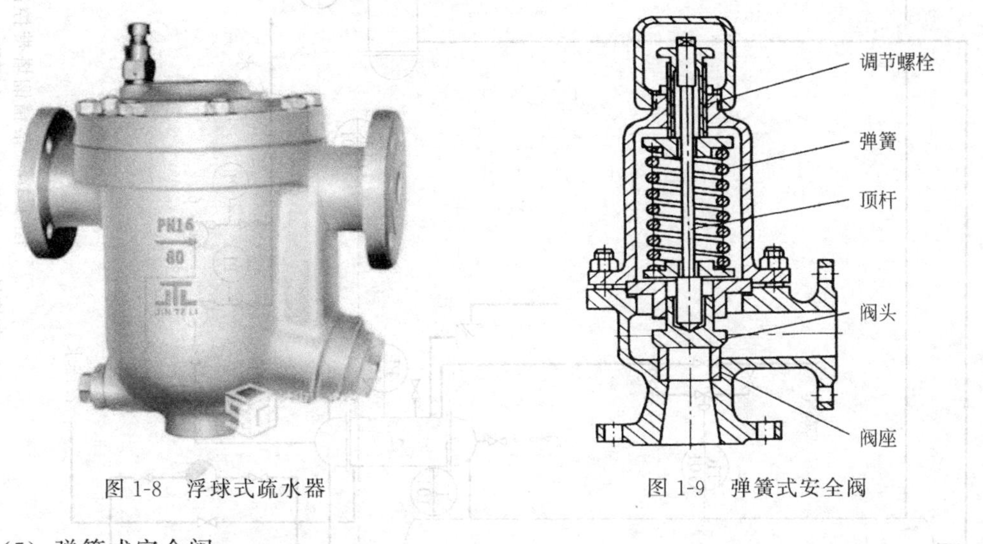

图 1-8 浮球式疏水器　　图 1-9 弹簧式安全阀

(5) 弹簧式安全阀

作为再沸器热源的水蒸气，具有一定压力且易波动，再沸器为压力容器，应安装弹簧式安全阀（见图 1-9），一旦压力容器的压力异常后产生的高压将克服安全阀的弹簧压力，闭锁装置被顶开，形成一个泄压通道，将高压泄放掉。安全阀出口处应无阻力，避免产生受压现象。

安全阀要在安装前专门测试、检查其密封性并垂直安装，对使用中的安全阀应做定期检查。

1.1.2.3 精馏控制流程图的绘制

控制流程图也称带控制点的工艺流程图（见图1-10），它以形象的图形、符号、代号详

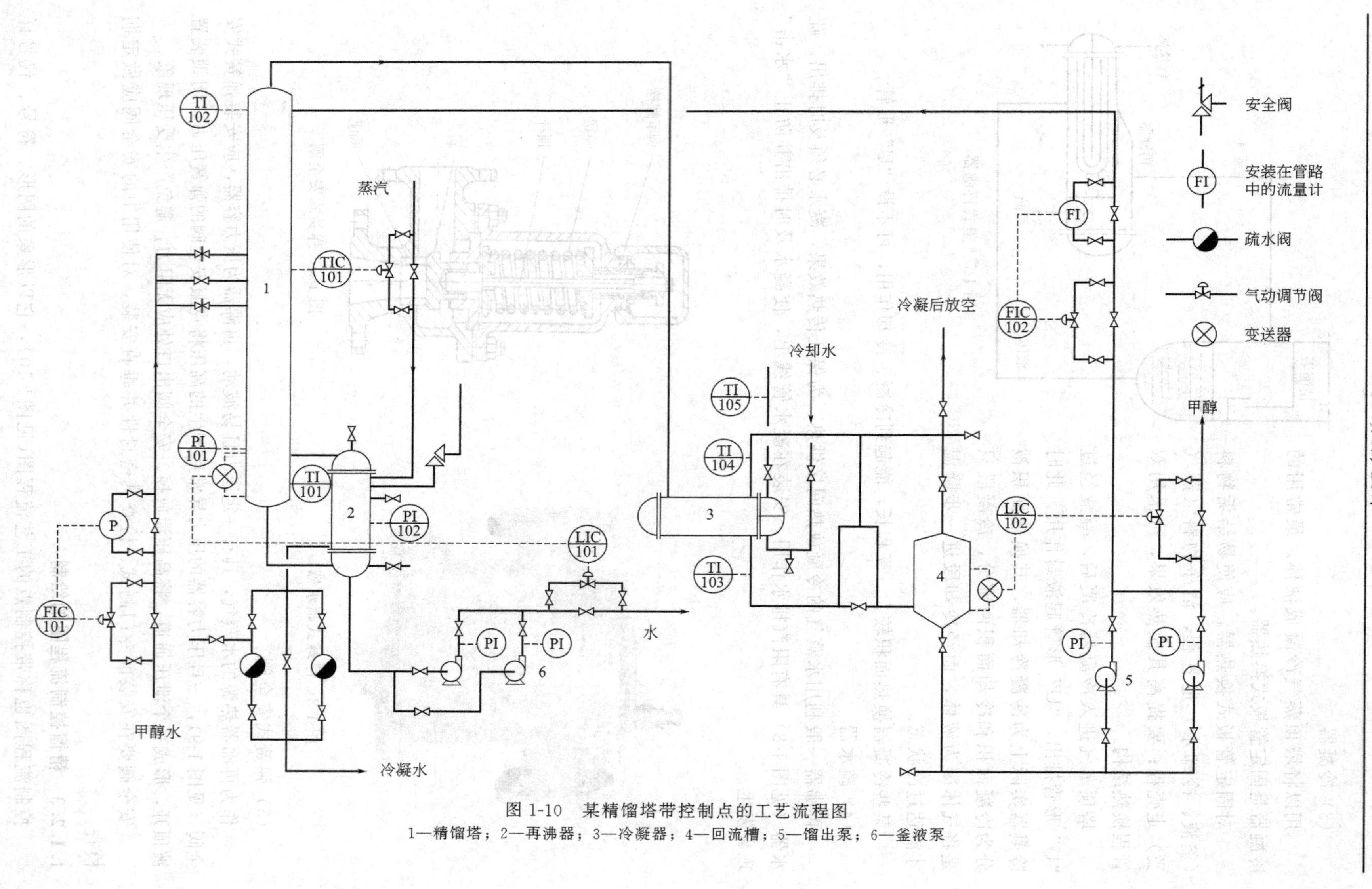

图 1-10 某精馏塔带控制点的工艺流程图

1—精馏塔；2—再沸器；3—冷凝器；4—回流槽；5—馏出泵；6—釜液泵

尽地表示出化工生产中，物料由原料变为产品所经过的设备、管线、阀门、仪表及参数控制等。

在精馏过程运行中，要求操作人员必须熟悉精馏现场工艺流程（熟悉每一个设备的用途及结构、每条管路走的什么物料、每个阀门的作用、主要工艺参数的测量及控制方法），看懂控制室的DCS图，能根据现场实际画出相对规范的控制流程图是安全生产的前提。

1.1.2.3.1 比例与图幅

按照流程顺序采用自左至右展开式绘制，图纸为标准图幅加长规格，比例 1∶100 或 1∶50。

1.1.2.3.2 化工设备的表示方法

（1）设备图形

化工设备大小：要按比例用细实线画出反映其形状特征的主要外形轮廓，过大或过小的设备可不按比例，传动装置要示意画出；除流体输送设备外，一般设备不必画底座。

化工设备数量：所有设备（包括备用设备）等一律画出。

设备在图纸上的布置：设备高低位置要按比例体现实际布置情况；设备左右排序根据主要物料流向，自左至右依次排列，设备之间要留有一定间距以便绘制管线及仪表。

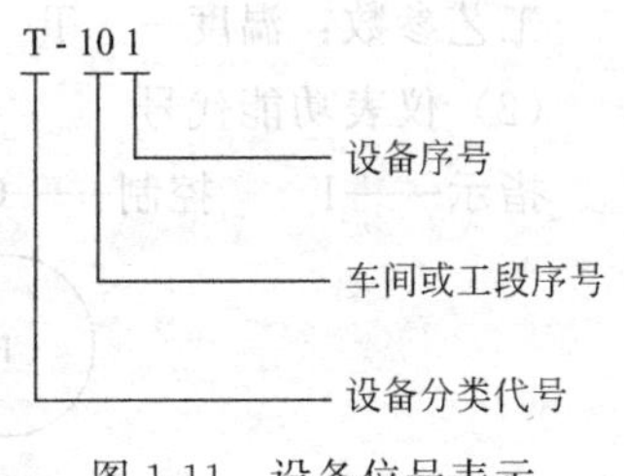

图 1-11 设备位号表示

（2）设备标注（位号及名称）

① 设备位号 如：T-101，E-205 等。

一般由：设备分类代号、工段或车间序号、设备序号组成，见图 1-11。

设备分类代号，见表 1-1。

表 1-1 设备分类代号（英文字头）

序号	设备分类	代号	序号	设备分类	代号
1	泵	P	5	工业炉	F
2	反应器	R	6	储槽和分离器	V
3	换热器	E	7	塔	T
4	压缩机、鼓风机	C	8	空冷器	A

② 设备名称 设备名称要反映设备的用途，如：一塔进料泵，醋酸输送泵等。

1.1.2.3.3 管道的表示方法

（1）管道规定画法

① 工艺管线（主要物料管线）用粗实线绘制，宽度为 b；

② 公用工程（供热供冷管线）用中实线绘制，宽度为 $b/2$；

③ 仪表管线用细实（虚）线，宽度为 $b/3$。

（2）管道绘制原则

① 管道一般用单线绘制，要用箭头表明流体流动方向；

② 绘制管线时要横平竖直，拐弯画成直角，尽量避免管道穿过设备或使管道交叉，管线不能避开时要横断竖不断；

③ 放空管画在管线上方，排液管画在管线下方；

④ 设备上的接管口位置要与现场一致。

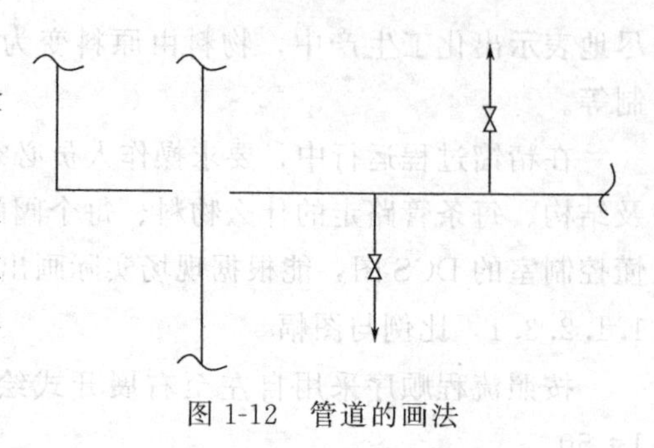

(3) 阀门及管件表示方法

用细实线画出所有阀门和部分管件（如安全阀、阻火器、放空等，见图 1-12)。

垂直绘制的不同位置的阀门应尽可能排列在同一水平线上，且在图上表示的高低位置应大致符合实际高度，水平绘制的不同高度的阀门应尽可能排列在同一垂直线上。

图 1-12　管道的画法

1.1.2.3.4　仪表及参数控制的表示方法

工艺流程图中应绘制出：全部计量仪表，包括温度计、压力计、流量计、液位计等；显示仪表，包括记录、指示仪表等；仪表控制点，包括检测元件及变送器、调节仪表及执行机构（气动薄膜调节阀）等。

仪表和控制点应该在有关管道上，大致按照安装位置，以代号、符号表示出来。

(1) 常用参量代号

工艺参数：温度——T　压力——P　液位——L　流量——F　成分——A

(2) 仪表功能代号

指示——I　控制——C　记录——R　报警——A　连锁——S　手动——K

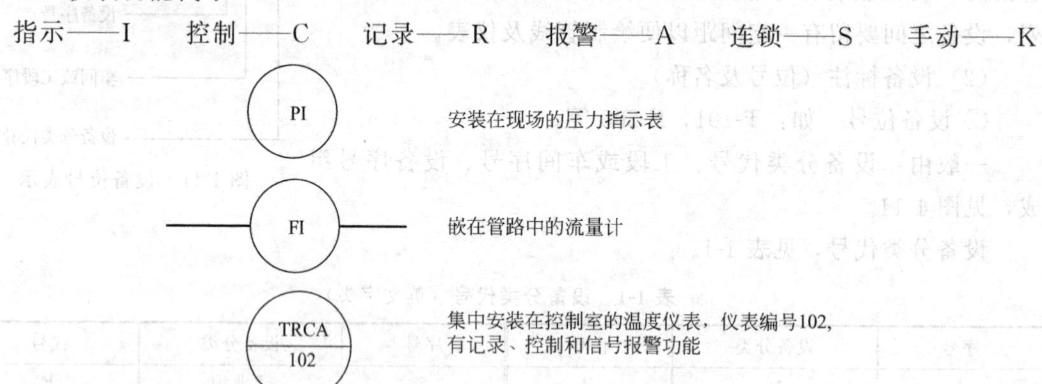

(3) 参数控制方案的表达

图 1-13 是一控制塔釜液位的仪表控制点的表达方法，由两点测量的压力差（与液位存在对应关系）通过变送器将信号送到在中控室的液位控制仪表（第一个字母表示参量代号

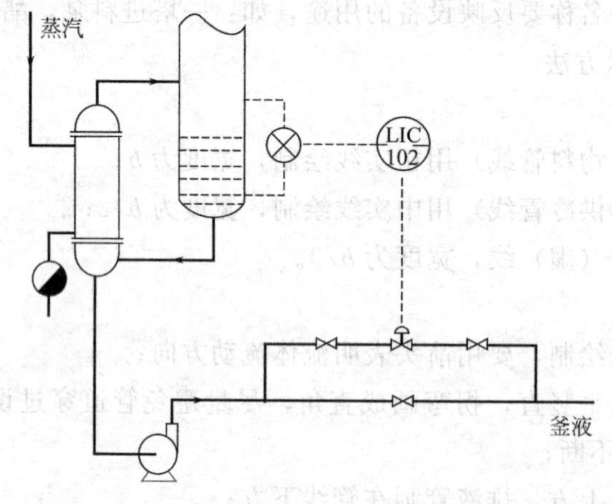

图 1-13　控制塔釜液位的仪表控制点的表达方法

L——液位，第二位及后面的字母均表示仪表功能，I——指示，C——控制，数字102为仪表编号)，通过与给定的液位值比较后（液位过高或过低），再将信号送至执行器，即开大或关小调节阀，使塔釜液位维持在给定值附近。

1.2 精馏塔的开车

1.2.1 目标与要求

1.2.1.1 知识目标

① 了解精馏塔开车前应做哪些准备工作。

② 理解主要工艺参数($T\backslash p\backslash L\backslash F$)的典型控制方案。

③ 熟悉离心泵的相关知识：

a. 工作原理及开车步骤；

b. 导致“汽蚀”及“汽缚”原因。

④ 理解精馏塔的开车步骤。

⑤ 了解精馏操作要遵循的三大平衡：

a. 物料平衡；

b. 热量平衡；

c. 相平衡。

⑥ 了解球阀、截止阀、气动薄膜调节阀的结构、使用场合。

⑦ 了解安全相关知识：

a. 氮气置换的必要性；

b. 超压——危险。

1.2.1.2 能力目标

① 能简述精馏工艺流程。

② 能按照操作规程进行开车操作：

a. 会识别球阀、截止阀、调节阀，开关方法正确；

b. 体会“缓慢、逐渐打开阀门”的意义；

c. 正确给出相关截止阀的开度（如离心泵入口阀、出口阀等)；

d. 会调节阀的切换（投用）方法。

③ 能较平稳调控工艺参数。

④ 会分析处理开车过程中出现的问题，如：

a. 塔压超标（影响塔压因素)；

b. 回流槽液位过高或过低；

c. 塔釜液位过高或过低；

d. 塔釜温度过高或过低。

1.2.1.3 素质目标

① 具有踏实勤奋、爱岗敬业的精神。

② 具有安全生产意识。

③ 有节能和成本核算的概念。

④ 培养勤于思考、用所学理论解决实际问题的能力。

1.2.1.4　学生工作页

<table>
<tr><td>姓名：</td><td colspan="2">班级：</td><td>组别：</td><td>指导教师：</td></tr>
<tr><td>课程名称</td><td colspan="4">精细化学品分离纯化技术</td></tr>
<tr><td>项目名称</td><td colspan="4">液化烃混合物的分离</td></tr>
<tr><td>任务名称</td><td colspan="3">1.2 精馏塔(脱丁烷塔)的开车</td><td>工作时间　10 学时</td></tr>
<tr><td>任务描述</td><td colspan="4">利用化工仿真软件，在熟悉现场流程图和 DCS 图的基础上，按操作规程练习脱丁烷塔的开车步骤，并熟悉典型工艺参数($T\backslash p\backslash L\backslash F$)的控制方案</td></tr>
<tr><td>工作内容</td><td colspan="4">(1) 叙述精馏工艺流程，读懂脱丁烷塔的现场图及 DCS 图；
(2) 按操作规程进行精馏装置的平稳开车，尽量做到不超压、不放空，参数波动小</td></tr>
<tr><td rowspan="6">项目实施</td><td rowspan="3">参考资料</td><td colspan="2">《精馏单元操作手册》——东方仿真</td><td>工艺简介、参数控制、操作规程</td></tr>
<tr><td colspan="2">《精馏操作知识》——张竞</td><td>精馏塔操作相关知识</td></tr>
<tr><td colspan="2">《精馏操作规程》——搜集企业材料</td><td>精馏操作安全规程</td></tr>
<tr><td>教师
指导要点</td><td colspan="3">(1) 塔压控制方案的解读；
(2) 选用灵敏板温度控制方案的优点；
(3) 影响精馏操作质量的因素；
(4) 离心泵的相关知识：
①开车步骤；
②导致“汽蚀”及“汽缚”原因；
(5) 安全相关知识：
①氮气置换的目的；
②超压——危险；
③“在保证生产安全前提下，要考虑生产成本”的意识；
(6) 现场阀门（球阀、截止阀）的开关及调节阀的投用方法；
(7) 开车演示。
体会：微开阀门、逐渐开大阀门至 50%、离心泵入（出）口阀的开度，开车过程要勤调慢调，使参数逐步趋于正常</td></tr>
<tr><td>学生工作</td><td colspan="3">(1) 简述工艺流程，识读精馏现场图和 DCS 图；
(2) 能按照操作规程进行开车操作；
(3) 能较平稳调控工艺参数；
(4) 会分析处理开车过程中出现的问题；
如：①塔压超标（影响塔压因素）；
②回流槽液位过高或过低等</td></tr>
<tr><td>评议优化</td><td colspan="3">(1) 以小组为单位，两两互相观摩，评议操作合理之处，得最优化操作经验；
(2) 组间交流评议，疑惑提交教师，教师引导学生完善操作；
(3) 开车考核</td></tr>
<tr><td>学习心得</td><td colspan="4"></td></tr>
<tr><td>评价</td><td>考评成绩</td><td></td><td>教师签字</td><td>日期</td></tr>
</table>

1.2.1.5 学生成果展示表

姓名：	班级：	组别：	成果评价：
一、填空 1. 精馏塔安装完毕后，依次要进行______、______、______、贯通流程，上述工作结束后方可验收交付使用。吹扫设备及管道的目的是______，吹洗的气体一般用______，吹洗气的走向应该是从设备的______，要避免直接吹扫阀门与______；为保证设备密闭不漏，保证连续、正常、安全生产，开车前要进行______。 2. 处理易燃爆物料的精馏装置，投料前多用______置换，使开车前设备内气体的氧含量低于______（体积），以防止投料后达到______而可能燃爆，______可在开车过程中逐步排除。 3. 精馏塔在试车时要检查水、电、气（空气、氮气）、蒸汽等是否符合______；传动设备是否______；设备、______、______是否齐全好用；所有的阀门要处于______状态；设备内的______含量应符合投料的要求；再沸器管间要通少量的蒸汽进行暖管，注意空气______，导淋阀打开放净______；并做好______（岗位）的联系工作等。 4. 开车时釜液的升温速度一定要______，原因是空塔加料时，没有回流液体，______段的塔板上是处于干板操作（无气液接触）的状态。气相中的______组分易被直接带入精馏段。若升温速度过快，则难挥发组分会大量地被带到回流槽，而不易被______所置换，塔顶产品中重组分的含量下降较慢，造成开车时间______；当塔顶有了回流液，塔板上建立了液体层后，升温速度可适当的______。 5. 当离心泵叶轮中心的压力小于或等于被输送液体当前温度下的______时，叶轮进口处的液体会______、出现大量气泡，这些气泡随液体进入高压区后又迅速被压碎而______，致使气泡所在空间形成______，周围的液体质点以极大的速度冲向气泡中心，造成瞬间______，造成叶轮部分很快损坏，同时伴有泵体______，发出______，泵的流量、扬程和效率明显下降，这种现象叫汽蚀。 6. 常压精馏塔的塔压一般不用调节阀控制，而加压精馏塔需要控制的工艺参数有______、______、______、______、______和灵敏板温度。 7. 串级回路是在______系统基础上发展起来的。在结构上串级回路调节系统有______闭合回路。主、副调节器______，主调节器的______为副调节器的______值，系统通过副调节器的输出操纵调节阀动作，实现对______参数的定值调节。所以在串级回路调节系统中，主回路是定值调节系统，副回路是随动系统。 二、根据脱丁烷塔的开车操作，回答以下问题。 1. 置换完成后，加料及排放不凝气体时要______开放空阀。若放空阀开度大，原料______多，塔压______，且能耗______，通常开度可控制在______。 2. 精馏塔塔压与塔釜供热、塔顶供冷（冷凝器、回流量）、加料量的关系？			

续表

姓名：	班级：	组别：	成果评价：

精馏塔塔顶温度的__________，会直接导致塔压升高。

给塔釜再沸器供热的水蒸气流量大，供热量就__________；塔顶冷凝器的冷却水流量小，供冷量就__________，塔顶回流量大供冷量就__________；若进料温度高，进料流量越大供热就__________；以上因素均使得精馏塔塔压__________。开车时要__________，控制好各股物流的阀门开度，保证单位时间供热量合适，使精馏塔在逐渐提温时，又不超压。

3. PC101 和 PC102 用途有何差异？如何理解 PC101 给定值 0.5MPa、PC102 给定值 0.425MPa？

PC101 作用相当于__________阀，在压力超标时放空以保证设备__________。

PC102 阀__________。

4. 安装调节阀的目的是通过调节其开度(即流量)大小控制某参数__________，若其串联阀门的开度过小，调节阀就无法__________。一般现场阀门开度__________。

5. 离心泵入口管线的阀门开度 100%，为什么？

若离心泵入口管线阀门截止阀开度小，阻力__________，可能会导致__________现象发生。

6. 用釜液采出量控制塔釜液位稳定时，釜液采出管线上的调节阀、流量测量装置不能安装在离心泵的__________管线上，以防止__________。

7. 当釜液__________(含双键)、易__________时，再沸器要备用。

8. 调节阀如何由手动切换到自动操作？

当__________和指定值接近、阀门开度接近__________时，可将手动切换为自动，这样调节阀投自动后，参数的波动幅度__________。

9. 在精馏开车时，有的同学将塔釜液位与釜液采出量投入串级操作后工艺参数的波动很大，这是不合理的，你有没有好的建议使串级投入后参数保持平稳？

①______________________________

②______________________________

三、规范画出分离甲醇水控制流程图。

1.2.2　知识提炼与拓展

1.2.2.1　开车前准备

1.2.2.1.1　精馏塔安装完毕后，开车前要做的准备工作

精馏塔安装完毕后，依次要进行强度试压→吹洗塔及管线→气密性实验→贯通流程，上述工作结束后方可验收交付使用。注意：强度试压和气密性实验的顺序不能颠倒，否则不安全。

(1) 设备强度试压的具体要求

一般用水作为试压的介质。实验压力应为设备设计图纸所规定的压力。对于常压操作的容器，可以只进行盛水试漏。实验时设备的压力要逐渐升高。发现有泄漏或其他缺陷时，必须降至常压进行检修，严禁带压检修设备，以免发生意外。检修完后重新升压，再次进行检查。试压介质一般用常温水，水应从设备的最低点注入，以便使设备内的气体由设备的最高处放空。

(2) 吹洗（吹扫）设备及管道

吹洗的目的是为了除去在安装过程中留在设备或管道内的灰尘和焊条、铁屑等杂物。

吹洗的气体一般用压缩空气。

吹洗的检查方法是用白纱布在吹洗流程的末尾处检查，无黑点时为吹洗合格。

吹洗气的走向应该是从设备的最高点处往低处吹，阀门、流量计等处用短节连接，避免阀门、流量计等受到损坏。

(3) 设备进行气密性实验的目的和要求

气密性实验的目的是通过实验保证设备密闭不漏，若有泄漏，可消除在开车之前。这样就防止了有毒、易燃易爆物料的泄漏，保证了连续、正常的生产。

(4) 操作实例：精馏塔系统的试漏、保压

① 再沸器、储槽、冷凝器的试漏和安全阀的定压试跳。

a. 再沸器的试漏：

· 拆下顶部封头；

· 向再沸器加水至刚淹没花板；

· 关闭再沸器侧排气阀、蒸气入口阀及冷凝水入温水槽阀；

· 开疏水阀旁通及排液阀；

· 从排液阀处接胶管，通入压缩空气使之保持至规定值；

· 观察再沸器花板上是否有气泡冒出，若有气泡，则再沸器需维修处理；若无气泡，则再沸器列管无泄漏；

· 装好顶部封头，关闭再沸器与塔体连接管道阀门、釜液出口阀等，自再沸器顶部排气阀处接胶管，向再沸器内通压缩空气并保压，在拆开过的法兰及补焊口部位涂皂液，至无气泡产生为止，方为试漏检查合格。

b. 储槽的试漏：

· 关闭中间槽进出物料及循环阀；

· 储槽加水至最高处有水流流出为止，观察有无泄漏；

· 试用液面计是否灵活好用；

· 打开储槽底部倒空阀放水；

· 关闭倒空阀。

c. 列管式冷凝器的试漏（自己想想）。

d. 安全阀的定压试跳：以使用低压蒸气的再沸器安全阀定压为 200kPa 为例，若系统压力达到 200kPa 时安全阀起跳，说明安全阀完好，否则要进行调整。

② 精馏塔的试漏、保压实验方法。

a. 系统内有关阀门的开启状况及盲板位置见图 1-14。

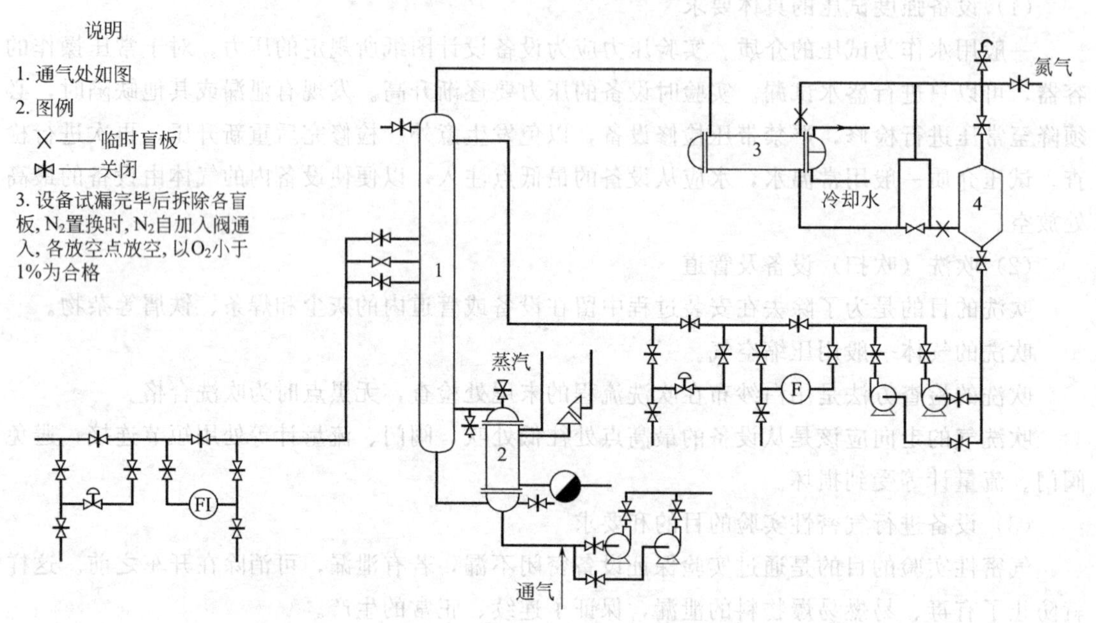

图 1-14 精馏塔气密性实验——系统内有关阀门的开启状况及盲板位置

1—精馏塔；2—再沸器；3—冷凝器；4—回流槽

b. 通气位置在再沸器下封头处。

c. 实验介质为压缩空气，实验的压力一般高于工作压力（多为 1.05～1.1 倍）。

d. 实验内容及方法：

· 准备好肥皂水。

· 用肥皂水在塔体短节、人孔、各测量点、各物料管线的法兰连接处进行试漏，以不冒气泡为合格，否则要进行维修处理。

· 试漏合格后，充气至压力为规定值进行保压 8h，（系统的气密性实验要保压 24h）。

· 泄漏量检测。

气密性实验的合格要求为每小时平均泄漏量不得大于 0.25%，计算公式如下：

$$A=\frac{1-\frac{p_{终}T_{初}}{p_{初}T_{终}}}{t}\times 100\%$$

式中 A——单位时间的泄漏量，%；

$p_{初}$、$p_{终}$——最初和最终实验的绝对压力；

$T_{初}$、$T_{终}$——最初和最终实验的热力学温度，K；

t——实验保压时间。

· 保压实验合格后，拆除胶管及临时性盲板。

1.2.2.1.2 设备投产前，用惰性气体置换的原因

在化工生产中，被分离物料多为易燃、易爆的性质，投产前如果不把设备内的氧气置换出去，加料后将存在着火、爆炸的可能性，所以投产前必须先用惰性气体将设备内的空气置换出去。惰性气体可在开车过程中逐步排除。常用的惰性气体为氮气。开车前设备内气体的氧含量一般要求不大于1%（体积）。

1.2.2.1.3 精馏塔在试车时应做的准备工作

① 检查水、电、气（空气、氮气）、水蒸气、工艺水是否符合工艺要求。

② 传动设备是否备而待用。

③ 设备、仪表、安全设施是否齐全好用。

④ 所有的阀门要处于关闭状态。

⑤ 各水冷凝（冷却）器要通少量的水预冷；再沸器管间要通少量的蒸气进行暖管，注意空气放空、导淋阀打开放净凝水。

⑥ 设备内的氧含量应符合投料的要求。

⑦ 做好前后工段（岗位）的联系工作，特别要联系好原料的来源供应及产品的储存、输送，通知分析室准备取样分析。

1.2.2.1.4 水蒸馏操作的目的及要求

要保证生产时传动设备、测量仪表等的正常使用，精馏塔在正式投料前多采用水蒸馏，即把水作为物料加入塔内进行精馏操作，要求如下：

① 通过观察三点温度（塔顶、塔中、塔釜）、塔压指示、液位指示、流量指示等，看相关仪表是否准确。

② 通过水蒸馏过程，检查各运转设备（噪声、流量、温升情况）、各参数测量及调控系统、换热介质是否符合要求、安全设施等是否齐全好用。

③ 观察各物料输送管道是否畅通、法兰连接处是否泄漏、蒸汽疏水阀及排水系统是否正常。

1.2.2.2 开车过程中问题分析

1.2.2.2.1 精馏塔开车时的注意事项

① 接到开车命令后，马上与有关岗位联系，进行开车。

② 严格遵守工艺规程、岗位操作法，加强巡回检查。

③ 精心调节。进料要平稳，塔釜见液面后，按其升温速度缓慢升温至工艺指标。随着塔压升高，逐渐排除设备内的惰性气体，并逐渐加大塔顶冷凝器的冷剂量，当回流槽的液面达 1/2 以上时，开始打回流。当釜液面达 1/2 时，可根据釜温的情况，适当采出釜液，但是要保持塔釜液面在 1/2～2/3 处。回流槽的液面过高时要及时采出，操作平稳后，应进行物料分析，对不合格的物料送入不合格产品储槽；分析合格后的产品，直接送入产品储槽。

④ 开车时，对阀门、仪表的调节一定要勤调、慢调，合理使用。

⑤ 发现不正常现象，应及时分析原因，果断处理。

1.2.2.2.2　开车时釜液升温速度缓慢的原因

空塔加料时，没有回流液体，精馏段的塔板处于干板操作（无气液接触）状态。气相中的难挥发组分易被直接带入精馏段。若升温速度过快，则难挥发组分会大量地被带到回流槽，而不易被易挥发组分所置换，塔顶产品中重组分的含量下降较慢，质量不易达到合格，造成开车时间长。

当塔顶有了回流液，塔板上建立了液体层后，升温速度可适当提高。

减压精馏塔的升温速度，对于开车能否成功的影响将更为显著。若升温速度太快，则顶部尾气的排出量太大，真空设备的负荷增大，在真空泵最大负荷的限制下，可能使塔内的真空度下降，开车不易成功。

1.2.2.2.3　精馏塔开车升温过程中，釜温升不起来的原因

① 造成加热釜内的蒸气冷凝液排不空，蒸气加不进去的原因有：

a. 凝水管线上的导淋阀未打开；

b. 加热系统的疏水器（或叫排水阻气阀）失灵；

c. 凝水送出管线上的阀门未开。

② 塔釜物料中有大量的水存在（水与物料不相溶）。

③ 加热釜供热太晚或进料量太大、太猛，造成回流到塔釜的轻组分量太大，一时釜温很难提到正常；对低温液相进料的精馏塔，极易出现这种现象。此时应改变进料量、进料组成或加大塔顶采出量，以调整操作。

④ 设备结构不合理，使釜液循环受阻。

1.2.2.2.4　某常压精馏塔的开车步骤（流程见图 1-10）

（1）分离要求

分离原料：甲醇、水、醋酸甲酯、醋酸钠。

关键组分：甲醇、水。

工艺参数：塔顶温度（65±0.5）℃，塔釜温度（114±1）℃，塔釜液位 60%。

（2）精馏塔的开车步骤

① 准备工作：

a. 氮气置换至合格；

b. 冷凝器通冷却水、加料排不凝气（通过尾气冷凝器后直接放空）。

② 升温与全回流：

a. 加料进塔至一定液位（与再沸器上花板持平）后，手动慢慢打开蒸气调节阀；

b. 待再沸器侧排气阀和疏水阀的排气阀排出硬气后，关闭侧排气阀和疏水阀的旁通阀；

c. 当馏出槽液位达 30%后，启动回流泵，进行全回流（手动状态）。

③ 加料：当液位下降、釜温达 100℃时开始加料，手动调节回流量和蒸气调节阀开度，使顶温向 65℃接近。

④ 产品采出：

a. 当顶温稳定在 65℃，回流量接近规定值，仪表由手动切自动；分析馏出液，合格后通知罐厂接收甲醇产品；

b. 当塔釜温度稳定在 114℃，打开再沸器釜液出口阀，启动釜液泵将釜液送出。

1.3　精馏塔操作温度的确定

1.3.1　目标与要求

1.3.1.1　知识目标

① 理解关键组分、单级平衡分离、理论板的概念。

② 了解泡（露）点计算方法，理解泡点（露点）与精馏塔釜温（顶温）的对应关系。

③ 通过泡（露）点计算或分析 t-x-y 图，掌握精馏塔温度与组成的对应关系。

④ 了解精馏塔塔板数的计算方法。

⑤ 掌握清晰分割的物料衡算。

1.3.1.2　能力目标

① 会获取理想溶液的相平衡常数。

② 能进行清晰分割物料衡算，分析非关键组分在塔顶、塔釜产品中的分配趋势。

③ 能叙述精馏塔塔顶、塔釜温度的计算方法。

④ 能熟记气液相组成与温度对应关系，运用组成与温度对应关系分析解决精馏操作问题。

1.3.1.3　学生工作页

<table>
<tr><td>姓名：</td><td colspan="2">班级：</td><td colspan="2">组别：</td><td colspan="2">指导教师：</td></tr>
<tr><td>项目名称</td><td colspan="6">液化烃混合物的分离</td></tr>
<tr><td>任务名称</td><td colspan="4">1.3 精馏塔操作温度的确定</td><td>工作时间</td><td>4学时</td></tr>
<tr><td>任务描述</td><td colspan="6">利用塔压及分离要求，确定塔顶、塔釜的物料分配，进而确定精馏塔顶温和釜温</td></tr>
<tr><td>工作内容</td><td colspan="6">(1)利用相平衡常数(查图或计算)确定精馏塔塔顶温度和釜液温度；
(2)多组分精馏塔清晰分割的物料计算；
(3)精馏塔顶(釜)顶温与塔顶(釜)产品组成的对应关系，用理论分析解决实际问题</td></tr>
<tr><td rowspan="3">项目实施</td><td>教师指导要点</td><td colspan="5">(1) 理想溶液相平衡常数(查图或计算)的获取；
(2) 多组分精馏塔的物料衡算；
(3) 泡(露)点的计算及精馏塔釜温、顶温的确定方法；
(4) 利用 t-x-y 图，分析组成与温度的对应关系；
(5) 灵敏板的特点</td></tr>
<tr><td>学生工作</td><td colspan="5">(1) 相平衡常数的获取（烃类混合液）；
(2) 理解关键组分的作用，会进行清晰分割的物料衡算；
(3) 根据精馏塔产品组成及塔压，试差确定精馏塔温度；
(4) 分析解决生产中的实际问题（甲醇-水物系），如：
①压力一定时，顶温过高或过低对甲醇收率的影响？
②导致顶温升高的原因有哪些</td></tr>
<tr><td>评议优化</td><td colspan="5">(1) 以小组为单位，讨论分析；
(2) 组间交流各自结论，教师评议，学生完善</td></tr>
<tr><td>评价</td><td>考评成绩</td><td></td><td>教师签字</td><td colspan="2"></td><td>日期</td></tr>
</table>

1.3.1.4 学生成果展示表

姓名：	班级：	组别：	成果评价：

一、填空

1. 理想溶液中，各组分之间的作用力__________，实际生产中的__________可当作理想溶液处理。理想溶液的相平衡常数与__________和__________有关。

2. 液相混合物在恒压下加热，当出现第一个气泡时对应的温度，称为__________，处于泡点下的液体称为__________液体；对于液体混合物，没有固定的__________，在__________点和__________点的整个温度范围内，都处于沸腾状态，在不同温度下气液相组成是不同的。精馏塔的__________温度，就是塔釜液相组成下的泡点。

3. 在塔压不变时，釜液中重组分（沸点__________组分）含量降低，则塔釜温度会__________（上升、下降）；反之，轻组分（蒸气压__________者）含量降低，则塔釜温度会__________。

4. 对多组分精馏而言，给出分离要求的那两个组分称为__________，其中给出塔釜回收率或馏出液中__________的组分为__________，而__________是指给出塔顶回收率或釜液中的含量限制的组分。多组分精馏塔的任务是按分离要求尽可能地将__________与__________分开，精馏塔的理论板数取决于__________的分离要求。

5. 精馏操作中，常通过维持__________稳定并控制塔顶、塔釜温度来保证采出的产品__________，而塔顶、塔釜温度的高低取决于塔的操作__________和产品__________。

6. 在塔压不变时，塔顶蒸气中__________组分含量增加，则顶温升高；反之，__________组分含量增加，则顶温下降。在塔压不变时，精馏塔塔顶温度取决于塔顶__________组成。

7. 由轻关键组分回收率公式可看出，它的大小取决于__________和__________，若塔顶温度过低，导致釜液温度低，使轻关键组分在釜液中的浓度__________，轻关键组分回收率会__________。

8. 通常精馏塔进料口有__________个，安装在塔的不同塔板上。生产中应根据进料__________及状态，选择合适的进料口。确定最佳进料板位置的原则是：对泡点进料的精馏塔，进料的组成应该与__________的组成相一致。这样精馏塔进料后不至于破坏各层塔板上的物料组成，从而保证__________操作。一般来说，当被分离混合物中易挥发组分增多时，就选择位置较__________的进料口，以增加提馏段的塔板数。

二、计算

1. 判断下列混合物是否处于两相平衡区（给出组成均为摩尔分数）？

0.7MPa 和 356.5K，丙烷、正丁烷、正戊烷和正己烷含量分别为 0.0719、0.1833、0.3098 和 0.4350。

续表

2. 氯丙烯精馏二塔的操作压力为常压，釜液组成见下表，通过试差计算组成 2 时的塔釜温度，组成 1 的釜温计算及相关数据见例 1-2。

组分	3-氯丙烯	1,2-二氯丙烷	1,3-二氯丙烯	釜温(泡点)/℃
釜液组成 1,x_i	0.0145	0.3090	0.6765	100
釜液组成 2,x_i	0.0050	0.2000	0.7950	

3. 在连续精馏塔中，分离由 A、B、C、D 和 E（按 α_{ih} 递减排列）组成的混合物，要求经分离后 B 在馏出液中的回收率为 94%，C 组分在釜液中的回收率为 96%，最小回流比为 1.2，取操作回流比为最小回流比的 1.5 倍，请按清晰分割法计算塔顶、塔釜流量并确定所需理论塔板数。原料组成见下表：

组分	A	B	C	D	E	合计
F_i/(kmol/h)	9	35	25	20	11	100
α_{ih}	11.0	3.3	1.0	0.4	0.1	
D_i						
W_i						

1.3.2 知识提炼与拓展

1.3.2.1 精馏塔温度的确定

精馏操作中，常通过维持塔压稳定并控制塔的温度来保证采出的产品质量，而塔顶、塔釜温度的高低取决于操作压力和产品组成。若已知精馏塔操作压力，精馏塔塔釜温度即为釜液组成下的泡点，塔顶温度即为塔顶蒸气组成下的露点。泡（露）点的计算要借助气-液相平衡关系进行。

1.3.2.1.1 气-液平衡关系式

气-液相平衡关系是研究在一定操作条件下相变过程所进行的方向和限度，是处理气液传质过程的基础，也是分析传质设备效率高低的依据。对于双组分系统的气-液平衡，常利用实测数据绘成 x-y 相图进行计算，而多组分系统的相平衡关系，用实验方法测定就比较复杂，目前一般都采用一些定量的关系式进行估算。

在精馏过程计算中，表示气-液相平衡关系的常用方法有两种：即相平衡常数和相对挥发度。

(1) 相平衡常数

当系统的气液两相在恒定的温度和压力下达到平衡时，任意组分 i 在气相中的摩尔分数 y_i 与在液相中的摩尔分数 x_i 之比，就称为组分 i 的相平衡常数，通常用 K_i 表示，即：

$$K_i=\frac{y_i}{x_i} \tag{1-2}$$

相平衡常数 K_i 是平衡物系的温度、压力以及组成的函数。只要已知 K_i 值，就可以从已知的 x_i（或 y_i）计算与它平衡的 y_i（或 x_i）。

本章主要介绍理想多组分溶液相平衡常数的计算方法。

工程上一般把同分异构体的混合液、同系物的混合液、烃类的混合液都近似地看作理想溶液。

按系统压力的不同，理想多组分溶液的 K_i 计算方法也不同。

① $p\leqslant 0.3$MPa。低压下，气相可视为理想气体，液相也为理想溶液，所以气液两相各自遵循道尔顿分压定律（$p_i=py_i$）和拉乌尔定律（$p_i=p_i^{\circ}x_i$）。此时可得到平衡常数的计算式为：

$$K_i=\frac{p_i^{\circ}}{p} \tag{1-3}$$

式中 K_i——i 组分的相平衡常数；

p_i°——在系统温度下，纯组分 i 的饱和蒸气压，MPa；

p——系统总压，MPa。

由上式可知，完全理想系的相平衡常数 K_i 仅与温度、系统压力有关，而与液相的组成无关。

② 0.3MPa$<p<$5MPa。中压下，气相不能视为理想气体，但物系中分子结构相近，气相可看成真实气体的理想混合物，液相仍为理想溶液，此时要沿用拉乌尔定律和道尔顿分压定律的表达形式，其中的压力项必须用逸度来代替，即：

$$f_i^{\mathrm{L}}=f_{i\mathrm{L}}^{\circ}x_i \tag{1-4}$$

$$f_i^V = f_{iV}^\circ y_i \tag{1-5}$$

式中 f_i^L——液相混合物中组分 i 的逸度，MPa；

f_i^V——气相混合物中组分 i 的逸度，MPa；

f_{iL}°——液相纯组分 i 在系统总压 p 及温度 T 时的逸度，MPa；

f_{iV}°——气相纯组分 i 在系统总压 p 及温度 T 时的逸度，MPa。

在气-液平衡时

$$f_i^L = f_i^V$$

$$f_{iL}^\circ x_i = f_{iV}^\circ y_i$$

所以

$$K_i = \frac{f_{iL}^\circ}{f_{iV}^\circ} \tag{1-6}$$

上式表明物系处于中压时，气相偏离理想气体，此时相平衡常数通过纯组分在气、液两相中的逸度来计算。工程上多采用普遍化逸度系数图，详见有关手册。

逸度的具体计算可根据组分 i 的对比温度及对比压力 $p_r = p/p_c$，从普遍化逸度系数图中查出相应的逸度系数（f/p）值乘以 p 即得 f_{iV}°，f_{iL}° 可近似由对比温度及对比压力 $p_r = p_i^\circ/p_c$ 查图得逸度系数后乘以 p_i° 即得。

相平衡常数是温度、压力和气液相组成的函数，计算的工作量很大。但对于理想溶液在中、低压情况下达平衡时，相平衡常数仅是温度、压力的函数，就可使计算大大简化。

③ p-T-K 图。轻烃类物质在石油裂解气分离中十分重要，系统接近理想情况，经实验测定和理论推算，做出 p-T-K 列线图，见图 1-15（低温情况见相关手册）。该图左侧为压力标尺，右侧为温度标尺，中间各曲线为烃类的 K 值标尺。使用时只要在图上找出代表平衡压力和温度的点，然后连成直线，由直线与烃类各曲线的交点，即读出 K_i 值。由于忽略了组成的影响，其平均误差为 8%～15%，基本上能满足工程设计的需要。

【例 1-1】 由实验测得乙烯在 311K 和 3.44MPa 下的相平衡常数 $K_i = 1.726$，液相视为理想溶液，试用：①气体为理想气体，②气体为真实气体的理想混合物（忽略压力对液相逸度影响），③p-T-K 列线图，分别计算气-液平衡常数并给以比较。

解：由手册中可查得乙烯的临界参数

$$T_c = 282.4\text{K} \qquad p_c = 5.034\text{MPa}$$

乙烯在 311K 时的饱和蒸气压 $p_i^\circ = 9.12$MPa

① 按理想气体考虑 $$K_i = \frac{p_i^\circ}{p} = \frac{9.12}{3.44} \approx 2.65$$

② 按气体为真实气体的理想混合物考虑，通过普遍化逸度系数图计算（过程略去）得：

$$K_i = \frac{f_{iL}^\circ}{f_{iV}^\circ} = \frac{5.47}{2.907} = 1.88$$

③ 按 p-T-K 列线图查取

由 $T = 311$K，$p = 3.44$MPa，查 p-T-K 列线图得 $K_i = 1.96$

由计算可知，3.44MPa 的压力按理想气体处理误差很大。

在多组分精馏中，相平衡常数用来确定塔釜温度、塔顶温度、塔的操作压力以及混合进料的状态等。

（2）相对挥发度

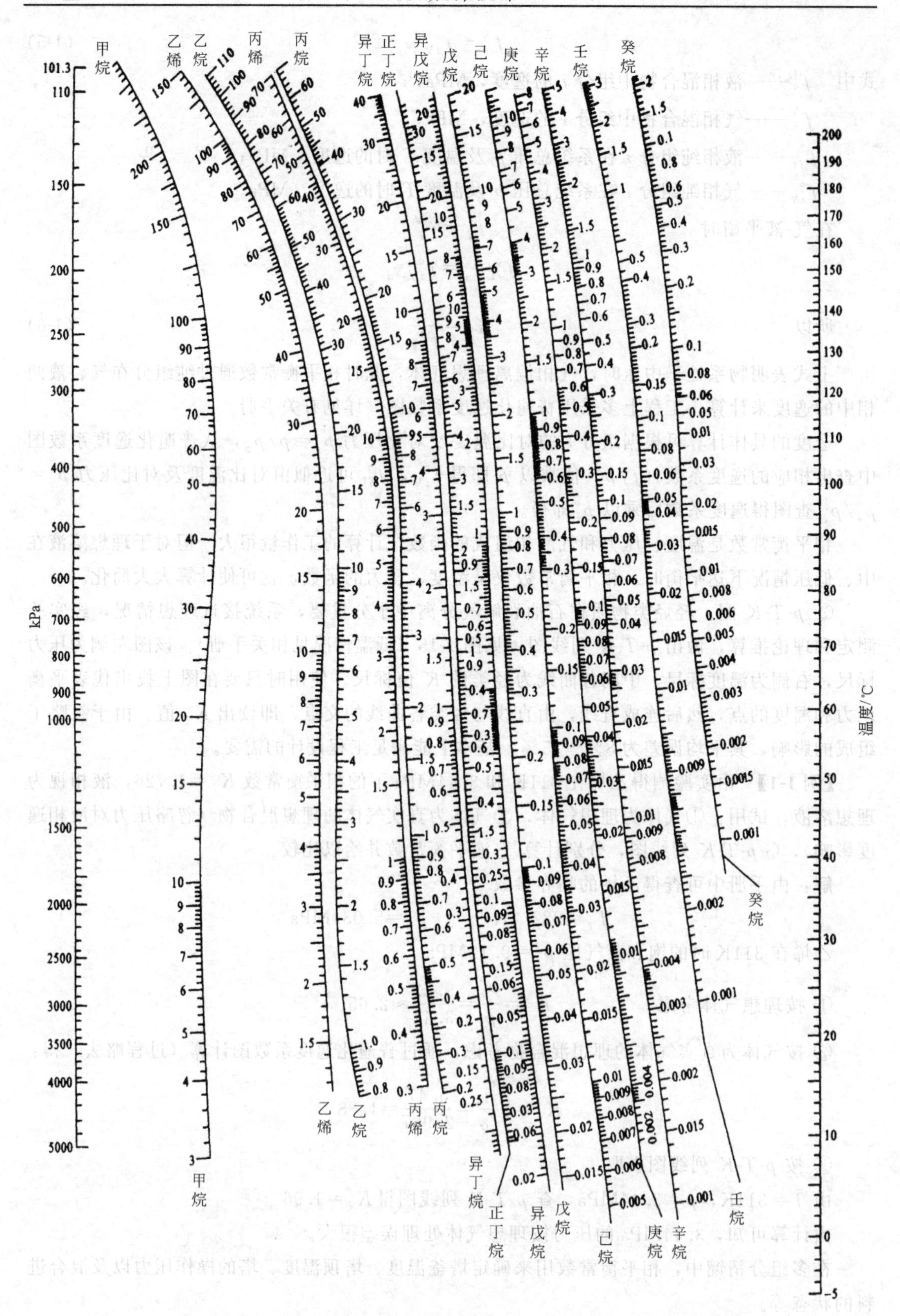

图 1-15 轻烃的 p-T-K 列线图（高温段）

由相对挥发度定义得：

$$\alpha_{ik}=\frac{y_i/x_i}{y_k/x_k}=\frac{K_i}{K_k} \tag{1-7}$$

式中，α_{ik} 为 i 组分对 k 组分的相对挥发度。

$\alpha_{ik}=1$ 表示气相与液相中 i、k 两组分的摩尔分数之比值相等，因此不能采用一般的精馏来分离。α_{ik} 值越大，表明两相平衡后两组分摩尔分数的比值差越大，越易分离。所以工程上用相对挥发度来判别混合物分离的难易。

由于相对挥发度是两相平衡常数的比值，故对于非理想程度不大的料液，当温度范围（混合物中最重和最轻组分的沸点差）变化不大时，相对挥发度可近似地看成常数，以简化计算。

1.3.2.1.2　泡点和露点的计算

在一定的压力下冷却气相混合物，当形成第一个液滴时的温度称为该气相混合物的露点。确定精馏塔的精馏段各块塔板温度时，即计算相应塔板上升蒸气组成下的露点。

在一定的压力下加热液相混合物，当出现第一个气泡（开始沸腾）时的温度称为该液相混合物的泡点。确定精馏塔提馏段的每块塔板温度时，即计算相应塔板下降液体组成下的泡点。对于液体混合物，没有固定的沸点，在泡点和露点的整个温度范围内，都处于沸腾状态，在不同温度下气液相组成是不同的。

通过露点和泡点的计算，可确定塔顶和塔釜温度以及相应温度下的气-液平衡组成。

本处只介绍理想溶液（相平衡常数与组成无关）的泡点、露点的计算方法。

（1）泡点的计算

泡点计算包括由规定的液相组成 x_i 和压力 p 或温度 T，分别计算平衡的气相组成和泡点温度 T_B 或泡点压力 p_B。计算所用的方程有：

相平衡关系式
$$y_i=K_ix_i \tag{1-8}$$

相平衡常数关联式
$$K_i=f(T,p) \tag{1-9}$$

泡点方程
$$\sum_{i=1}^{n}y_i=\sum_{i=1}^{n}K_ix_i=1 \tag{1-10}$$

或
$$f(T)=\sum_{i=1}^{n}K_ix_i-1=0 \tag{1-11}$$

由以上三式求解泡点需用试差法，步骤如下：

① 假设泡点为 T，利用公式计算或查 p-T-K 图（轻烃物系）得到该混合物中各组分在压力 p、温度 T 时的 K_i 值；

② 由 K_i、x_i 计算 $\sum K_ix_i$，若 $\sum K_ix_i=1$ 则 T 即为泡点；

③ 若 $\sum K_ix_i>1$，说明 K_i 偏大，所设温度 T 偏高，根据差值大小降低温度重试；若 $\sum K_ix_i<1$，说明所设 T 偏低，则重设较高温度，直至满足泡点方程。

$$\text{设 }T\xrightarrow{\text{给定 }p}K_i=f(T,p)\rightarrow\sum_{i=1}^{n}K_ix_i\rightarrow|f(T)|\leqslant\varepsilon\xrightarrow{\text{是}}\begin{cases}T=T_B\\ y_i=K_ix_i\end{cases}\rightarrow\text{结束}$$

（否：调整 T，返回设 T）

为满足计算精度，应使 $\varepsilon\leqslant0.001$。

【例 1-2】 某厂氯化法合成甘油车间，氯丙烯精馏二塔的釜液组成（摩尔分数）为：3-氯丙烯 0.0145，1,2-二氯丙烷 0.3090，1,3-二氯丙烯 0.6765。塔釜压力为常压，试求塔釜温度。各组分的饱和蒸气压数据为（p°：kPa；t：℃）：

$$3\text{-氯丙烯}\quad \lg p_1^\circ = 6.05543 - \frac{1115.5}{t+231}$$

$$1,2\text{-二氯丙烷}\quad \lg p_2^\circ = 6.09036 - \frac{1296.4}{t+221}$$

$$1,3\text{-二氯丙烯}\quad \lg p_3^\circ = 6.998530 - \frac{1879.8}{t+273.2}$$

解：釜液中三个组分结构非常近似，可看成理想溶液。

系统压力为常压，可将气相看成是理想气体。因此，$K_i = \frac{p_i^\circ}{p}$

在一定压力下，釜液组成下的泡点即为釜液温度。

泡点计算利用试差方法，先设泡点 $T=70$℃，分别计算三个组分在 70℃时的饱和蒸气压 p_i°，又已知塔釜为常压，$p=101.325$kPa，代入 $K_i = \frac{p_i^\circ}{p}$ 计算出各组分的 K_i，再计算 $\sum K_i x_i$，试差直至 $\sum K_i x_i = 1$，计算过程见下表：

组分	x_i	70℃			110℃			100℃		
		p_i°	K_i	$K_i x_i$	p_i°	K_i	$K_i x_i$	p_i°	K_i	$K_i x_i$
3-氯丙烯	0.0145	223.58	2.2065	0.032	608.37	6.0038	0.087	484.49	4.7813	0.0680
1,2-二氯丙烷	0.3090	43.19	0.4262	0.132	149.19	1.4723	0.455	112.66	1.1118	0.3410
1,3-二氯丙烯	0.6765	32.213	0.3179	0.215	120.12	1.1854	0.802	88.792	0.8763	0.5910
Σ	1.00			0.379			1.344			1.0000

结果：在 100℃时 $\sum K_i x_i = 1$，因此泡点为 100℃，即塔釜温度应为 100℃。

思考题：若该塔操作压力不变，釜液组成（摩尔分数）改变为：3-氯丙烯 0.0050，1,2-二氯丙烷 0.2000，1,3-二氯丙烯 0.7950，则釜温（釜液泡点）为多少（见前面习题）？

比较以上题目的计算结果，得到下列结论：

若塔压力不变，釜液组成改变，釜温也会______，釜液中重组分含量增大，釜温就会______；釜液中重组分含量减小，釜温就会______。

对提馏段也是如此，若塔压不变，塔板温度升高，则说明塔板上下降的液体中重组分含量增加。

利用恒压下二元溶液的 t-x-y 图分析泡点与组成的关系，也能得到上述结论。

以苯-甲苯混合溶液为例（见图 1-16），在一定压力下，其沸点范围为 80.1～110.6℃，混合溶液的沸点（泡点）与组成有关，溶液中易挥发组分（轻组分、沸点低的组分）的含量越大，泡点越低。溶液中重组分（沸点高的组分）的含量越大，泡点越高。

当 $x=0.4$ 时，泡点 95℃；$x=0.8$ 时，泡点 83℃；$x=1.0$，泡点 80.1℃。

（2）露点的计算

露点计算一般由规定的气相组成 y_i 和压力 p，计算露点温度 T_D 和露点时与 y_i 相平衡的液相组成 x_i，计算所用的方程有：

相平衡关系式　$x_i=\dfrac{y_i}{K_i}$　(1-12)

相平衡常数关联式　$K_i=f(T,p)$

露点方程　$\sum_{i=1}^{n}x_i=\sum_{i=1}^{n}y_i/K_i=1$

或　$f(T)=\sum_{i=1}^{n}y_i/K_i-1=0$　(1-13)

已知压力 p 和气相组成 y_i 时，露点的计算也要试差，试差计算过程如下图所示。只是当 $\sum_{i=1}^{n}\dfrac{y_i}{K_i}>1$，说明 K_i 偏小，所设温度 T 偏低；若 $\sum_{i=1}^{n}\dfrac{y_i}{K_i}<1$，说明所设温度 T 偏高；需根据差值大小重试直至满足露点方程。

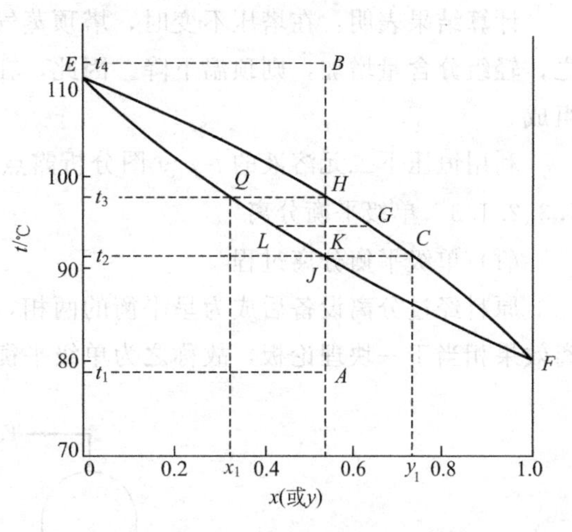

图 1-16　苯-甲苯溶液的 t-x-y 图

$$\text{设 } T \xrightarrow{\text{给定 } p} K_i=f(T,p)\rightarrow\sum_{i=1}^{n}(y_i/K_i\rightarrow|f(T)|\leqslant\varepsilon\xrightarrow{\text{是}}\begin{cases}T_D\\x_i\end{cases}\rightarrow\text{结束}$$

否　　调整 T

【例 1-3】 某裂解气分离装置中的脱乙烷塔塔顶蒸气组成如下，该塔在 2.65MPa 下进行操作，试计算不同蒸气组成时的塔顶温度及平衡的液相组成，并比较计算结果。

组分	甲烷	乙烯	乙烷	丙烯	总和
组成 1,y_i	0.0075	0.8269	0.1430	0.0226	1.0000
组成 2,y_i	0.0050	0.8000	0.1500	0.0450	1.0000

解：精馏塔塔顶温度即为塔顶蒸气组成下的露点。

① 塔顶蒸气组成 1

初设温度 T=263K，由 p-T-K 图查得各组分在 p=2.65MPa 时的 K_i，代入露点方程，得 $f(T)=1.0954-1>0$，说明所设温度偏低。重设 T=268K，重复上述计算，结果得 $f(T)=1.0000-1=0$，所以该液体混合物的露点为 268K（即塔顶温度）。计算结果列表如下：

组分	y_i	263K		268K	
		K_i	$x_i=y_i/K_i$	K_i	$x_i=y_i/K_i$
甲烷	0.0075	4.50	0.0017	4.65	0.0016
乙烯	0.8269	1.05	0.7875	1.15	0.7190
乙烷	0.1430	0.72	0.1986	0.775	0.1845
丙烯	0.0226	0.21	0.1017	0.238	0.0949
Σ	1.0000		1.0954		1.0000

② 脱乙烷塔塔顶蒸气组成 2

经试差计算得该蒸气组成的露点为 271K，即塔顶温度为 271K。

计算结果表明：在塔压不变时，塔顶蒸气中重组分含量增加，则露点（顶温）升高；反之，轻组分含量增加，则顶温下降。因此，在塔压不变时，精馏段塔板温度取决于上升蒸气组成。

利用恒压下二元溶液的 t-x-y 图分析露点与组成的关系，也能得到上述结论。

1.3.2.1.3 单级平衡分离

(1) 单级平衡分离过程

原料经过分离设备后成为呈平衡的两相，由于平衡两相的组成不同而实现分离，这种分离效果相当于一块理论板，故称之为单级平衡分离过程。单级平衡分离过程如图 1-17 所示。

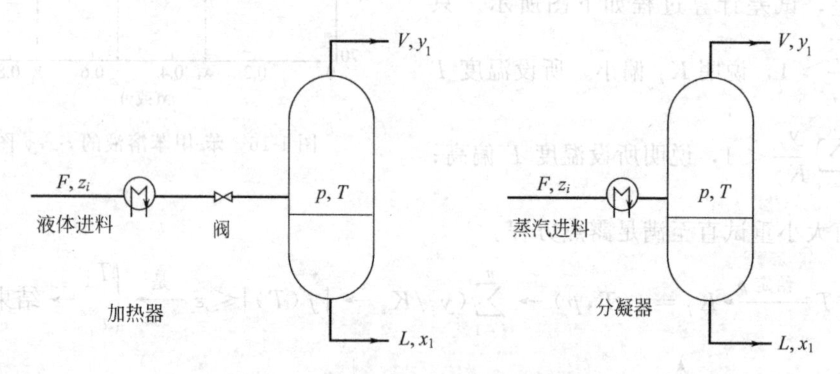

图 1-17 单级平衡分离过程的示意图

化工生产中的气体混合物的部分冷凝（分凝器）和液体混合物的部分气化（如再沸器、闪蒸槽）都属于单级平衡分离。除非组分的相对挥发度非常大，一般来说单级平衡分离所能达到的分离程度是不大的，因此部分气化和部分冷凝通常作为进一步分离的辅助操作。

精馏塔可以认为是由若干个单级平衡分离所组成，属于多级平衡分离。

(2) 单级平衡分离过程的计算

通常是已知进料组成（摩尔组成 z_i，下同）和流量（F，kmol/h），要求计算在指定的压力（p）和温度（T）下，产生的气液两相的量及相应平衡组成。可以通过物料平衡和相平衡来计算，其方程如下：

① 总物料衡算式

$$F=V+L \tag{1-14}$$

② 组分的物料衡算式

$$Fz_i=Vy_i+Lx_i \qquad (i=1,2,3\cdots n) \tag{1-15}$$

③ 相平衡关系式 $y_i=K_ix_i$

④ 相平衡常数关联式 $K_i=f(T,p)$

⑤ 浓度总和方程

$$\sum_{i=1}^{n}x_i=1 \tag{1-16}$$

$$\sum_{i=1}^{n}y_i=1 \tag{1-17}$$

现令 $e=L/F$ 或 $\nu=V/F=1-e$ (1-18)

式中　e——液化率，冷凝液量占进料混合气体量的摩尔分数；

ν——气化率，气化的气相量占进料混合液量的摩尔分数。

将式(1-18) 代入式(1-15) 后得：

$$Fz_i=(1-e)Fy_i+eFx_i$$

再将 $y_i=K_ix_i$ 代入上式得：　$z_i=(1-e)K_ix_i+ex_i$

$$x_i=\frac{z_i}{(1-e)K_i+e}=\frac{z_i}{(K_i-1)\nu+1} \tag{1-19}$$

$$\sum_{i=1}^{n}x_i=1$$

同理

$$y_i=\frac{K_iz_i}{(1-e)K_i+e}=\frac{K_iz_i}{(K_i-1)\nu+1} \tag{1-20}$$

$$\sum_{i=1}^{n}y_i=1$$

用式(1-19)、式(1-20) 可以进行液体混合物部分气化和气体混合物部分冷凝的计算，方法是通过给定的温度和压力确定相应的 K_i 值，后进行试差计算，即假定液化率 e（或气化率 ν），利用上两式求 x_i 和 y_i，判断 $\sum_{i=1}^{n}x_i$ 和 $\sum_{i=1}^{n}y_i$ 是否等于 1，反复计算直到满足要求为止。

需要注意的是，在进行单级平衡计算时，需核实进料（已知组成 z_i）在给定的温度、压力下是否处于两相区，可通过泡（露）点方程，用表 1-2 判断进料所处的状态。

表 1-2　进料混合物状态的判断

温度情况	$\sum_{i=1}^{n}K_iz_i$	$\sum_{i=1}^{n}z_i/K_i$	混合物状态	液化率（进料状态参数）
$T<T_B$	<1	>1	过冷液体	$q>1$
$T=T_B$	$=1$	>1	饱和液体	$q=1$
$T_B<T<T_D$	>1	>1	气液两相	$0<q<1$
$T=T_D$	>1	$=1$	饱和蒸气	$q=0$
$T>T_D$	>1	<1	过热蒸气	$q<0$

【例 1-4】 进料流率为 100kmol/h 的某轻烃混合物，其组成（摩尔分数）为：丙烷 0.30，正丁烷 0.10，正戊烷 0.15，正已烷 0.45。求在 200kPa 和 50℃温度条件下闪蒸的气液相组成及流率。

解：该物系为轻烃混合物，可按理想溶液处理。由已知的压力和温度从 p-T-K 图查得各组分的 K_i 值，见下表。

① 先核实闪蒸问题是否成立

$$\sum_{i=1}^{n}K_iz_i=7.0\times0.3+2.4\times0.1+0.8\times0.15+0.3\times0.45=2.595>1$$

$$\sum_{i=1}^{n}z_i/K_i=\frac{0.3}{7.0}+\frac{0.1}{2.4}+\frac{0.15}{0.8}+\frac{0.45}{0.3}=1.772>1$$

所以轻烃混合物在给定的温度、压力下是处于两相区的。

② 假定 $\nu=0.45$ 代入式(1-19)、式(1-20)，得：

$$\sum_{i=1}^{n} x_i = 0.9642 \quad \sum_{i=1}^{n} y_i = 1.0438$$

再设 $\nu=0.51$ 代入式(1-19)、式(1-20)，得 $\sum_{i=1}^{n} x_i = 0.9991$　$\sum_{i=1}^{n} y_i = 1.0008$，所得结果满足精度要求。计算结果列于下表：

组分	z_i	K_i	$\nu=0.45$			$\nu=0.51$		
			$(K_i-1)\nu+1$	X_i	$y_i=K_ix_i$	$(K_i-1)\nu+1$	X_i	$y_i=K_ix_i$
C_3	0.3	7.0	3.7	0.08108	0.5676	4.06	0.07389	0.5172
C_4	0.1	2.4	1.63	0.06135	0.1472	1.714	0.05834	0.1400
C_5	0.15	0.8	0.91	0.16484	0.1319	0.898	0.16704	0.1336
C_6	0.45	0.3	0.685	0.65693	0.1971	0.643	0.69984	0.2100
Σ	1.00			0.9642	1.0438		0.9991	1.0008

③ 求 V、L

$$V=\nu F=0.51\times 100\text{kmol/h}=51\ \text{kmol/h}$$

$$L=F-V=49\text{kmol/h}$$

气液相组成见上表（$\nu=0.51$ 列中所列数据）。

计算表明，该液体混合物经闪蒸后，气相中轻组分含量增加（如 C_3、C_4），而液相中重组分得以浓缩（如 C_6），即闪蒸可使液体混合物得到一定程度的分离。

1.3.2.2　塔顶、塔底物料的分配

精馏计算通常在物料衡算、热量衡算、相平衡计算的基础上，确定满足工艺要求所需的理论塔板数，目前设计多采用逐板计算法，但初步设计和经验估算多用简捷法。

物料衡算是所有计算的基础，其目的是确定精馏塔塔顶、塔釜物料分配，即塔顶、塔釜产品的量及组成，依据是质量守恒定律。

对双组分精馏计算而言，指定馏出液中一个组分的浓度，就确定了馏出液的全部组成；指定釜液中一个组分的浓度，也就确定了釜液的全部组成。而对于多组分精馏塔，只能指定两个组分的浓度，由设计者指定浓度或提出分离要求（例如指定回收率）的那两个组分，实际上也就决定了其他组分的浓度。故通常把指定分离要求的两个组分称为关键组分，并将其中相对易挥发的那一个称为轻关键组分，不易挥发的那一个称为重关键组分。只要关键组分的分离要求确定了，在一定的分离条件下所需的理论板数和其他组分的分配也就随之确定。

回收率也称分离度，以 φ 表示。轻关键组分回收率又称塔顶回收率，即轻关键组分在塔顶产品中的量占进料中量的百分率，即：

$$\varphi_l=\frac{Dx_{dl}}{Fx_{fl}}\times 100\% \tag{1-21}$$

重关键组分回收率又称塔釜回收率，是重关键组分在塔釜产品中的量占进料中量的百分率，即：

$$\varphi_h=\frac{Wx_{wh}}{Fx_{fh}}\times 100\% \tag{1-22}$$

式中　下标 l、h——表示轻、重关键组分；

下标 f、d、w——表示进料、塔顶产品、塔釜流股；

F、D、W——表示进料、塔顶产品、塔釜产品的流量。

一般来说，多组分精馏塔的任务就是要使轻关键组分尽量多地进入馏出液，重关键组分尽量多地进入釜液。但由于系统中除轻、重关键组分外，还有其他组分，通常难以得到纯组分的产品。一般挥发度比轻关键组分大的组分（简称轻组分）将全部或接近全部进入馏出液，挥发度比重关键组分小的组分（简称重组分）将全部或接近全部进入釜液。只有当关键组分是溶液中最易挥发的两个组分时，馏出液才有可能是近于纯轻关键组分；反之，若关键组分是溶液中最难挥发的两个组分，釜液就可能是近于纯的重关键组分，但若轻、重关键组分的挥发度相差很小，也难得到近于纯的产品。

若馏出液中除了重关键组分外没有其他重组分，而釜液中除了轻关键组分外没有其他轻组分，这种情况称为清晰分割。两个关键组分的挥发度相邻且分离要求较苛刻，或非关键组分的挥发度与关键组分的挥发度相差较大时，一般可达到清晰分割。

有时尽管两个关键组分的挥发度相邻，但各组分挥发度相差不大，或两个关键组分挥发度不相邻，此时除关键组分外，非关键组分也同时出现在两个产品中，这种情况称为非清晰分割。

1.3.2.2.1 清晰分割的物料衡算

清晰分割计算要点：挥发度比轻关键组分大的组分将全部进入馏出液，挥发度比重关键组分小的组分将全部进入釜液。

计算用公式有：

总物料衡算式：
$$F = D + W \tag{1-23}$$

i 组分物料衡算式
$$Fx_{fi} = Dx_{di} + Wx_{wi} \tag{1-24}$$

式中 x_{fi}——进料中组分 i 的摩尔分数；

x_{di}——塔顶产品中的组分 i 的摩尔分数；

x_{wi}——塔釜产品中的组分 i 的摩尔分数。

【例 1-5】 在连续精馏塔中，分离由 A、B、C、D 和 E（按挥发度递减顺序排列）所组成的混合物，要求经分离后 B 组分在釜液中的浓度为 0.004（摩尔分数），C 组分在馏出液中的浓度不大于 0.005（摩尔分数），试用清晰分割法计算塔顶、塔釜产品的量和组成。原料组成见下表：

组分	A	B	C	D	E	合计
F_i/(kmol/h)	5	30	25	20	20	100

解：根据题意，B 为轻关键组分，其在釜液中的浓度最高为 $x_{wl} = 0.004$

C 为重关键组分，其在馏出液中的浓度最高为 $x_{dh} = 0.005$

由清晰分割可知，比 B 挥发度还大的 A 全部进入馏出液，比 C 挥发度还小的组分 D、E 全部进入釜液。对全塔做物料衡算：$Fx_{fi} = Dx_{di} + Wx_{wi}$，计算情况列表如下：

组分	A	B	C	D	E	合计
F_i/(kmol/h)	5	30	25	20	20	100
D_i	5	$30-0.004W$	$0.005D$	0	0	D
W_i	0	$0.004W$	$25-0.005D$	20	20	W

由上表得：　$D=5+(30-0.004W)+0.005D$ 且 $100=D+W$，

解之得：　$D=34.91\text{kmol/h}$

$W=65.09\text{kmol/h}$

组分	A	B	C	D	E	合计
F_i	5	30	25	20	20	100
D_i	5	29.74	0.17	0	0	34.91
馏出液组成	0.143	0.852	0.005	0	0	1.00
W_i	0	0.26	24.83	20	20	65.09
釜液组成	0	0.004	0.382	0.307	0.307	1.00

1.3.2.2.2　非清晰分割的物料衡算

非清晰分割情况的出现主要由各组分间的挥发度影响所致，计算过程比清晰分割复杂得多，需通过芬斯克方程来近似估算塔顶和塔釜产品中各组分的分配。在应用芬斯克方程时有两个基本假设：一是在操作回流比下，塔内各组分在塔顶和塔釜产品中的分配情况与全回流时相同；二是非关键组分在塔顶和塔釜产品中的分配情况与关键组分的分配情况相同。

多组分的芬斯克方程为：

$$N_m=\frac{\lg\left(\frac{d}{w}\right)_l-\lg\left(\frac{d}{w}\right)_h}{\lg\alpha_{lh}} \tag{1-25}$$

式中　$\left(\frac{d}{w}\right)_l$——轻关键组分在馏出液和釜液中的流量之比；

$\left(\frac{d}{w}\right)_h$——重关键组分在馏出液和釜液中的流量之比；

α_{lh}——轻关键组分对重关键组分的相对挥发度（塔顶、塔釜条件下的几何平均值）。

应用两个假设，式(1-25) 可变换为：

$$N_m=\frac{\lg\left(\frac{d}{w}\right)_i-\left(\frac{d}{w}\right)_h}{\lg\alpha_{ih}}=\frac{\lg\left(\frac{d}{w}\right)_l-\lg\left(\frac{d}{w}\right)_h}{\lg\alpha_{lh}} \tag{1-26}$$

式中　$\left(\frac{d}{w}\right)_i$——非关键组分 i 在馏出液和釜液中的摩尔比；

α_{ih}——全塔操作条件下，非关键组分 i 对重关键组分的相对挥发度。

由式(1-26) 即可估算非关键组分在塔顶、塔釜产品中的分配情况。

$$\left(\frac{d}{w}\right)_i=\left(\frac{d}{w}\right)_h\cdot(\alpha_{ih})^{N_m} \tag{1-27}$$

在具体计算中，根据分离要求可求出 $\left(\frac{d}{w}\right)_l$ 及 $\left(\frac{d}{w}\right)_h$，由操作条件得到相对挥发度 α_{lh} 及 α_{ih}，代入式(1-27) 可求得 $\left(\frac{d}{w}\right)_i$，由式(1-28) 求出任意组分 i 的分配情况。

$$w_i=\frac{f_i}{(d/w)_i+1} \tag{1-28}$$

式中，f_i、d_i、w_i 为 i 组分在进料、馏出液、釜液中的流量，kmol/h。

【例 1-6】 某厂裂解气分离中进入脱甲烷塔的料液组成如下表所示。塔的压力为 3.4MPa（绝压），塔顶、塔底的平均温度为−50℃，要求塔底产品中乙烯回收率为 93.4%，塔顶甲烷回收率为 98.8%，试用非清晰分割方法估算各组分在塔顶、塔釜的分配。

组分	氢气	甲烷	乙烯	乙烷	丙烯	总和
进料量 F_i/(kmol/h)	12.80	25.17	23.10	38.60	0.33	100.0

解：由分离要求知：甲烷为轻关键组分，乙烯为重关键组分，并分别以 A、B、C、D、E 代表氢气、甲烷、乙烯、乙烷、丙烯。

由 $P=3.4$MPa，$t=-50$℃查得各组分的 K_i 值及计算得到的 α_{ih}（以乙烯为基准组分）如下表。

组分	氢气	甲烷(l)	乙烯(h)	乙烷	丙烯
K_i	26	1.7	0.36	0.26	0.05
$\alpha_{ih}=K_i/K_h$	72.2	4.72	1	0.72	0.14

甲烷在塔顶的量　　$d_l=25.17\times0.988\text{kmol/h}=24.87\ \text{kmol/h}$

甲烷在塔釜的量　　$w_l=(25.17-24.87)\text{kmol/h}=0.30\ \text{kmol/h}$　$(d/w)_l=82.9$

乙烯在塔釜的量　　$w_h=23.10\times0.934\text{kmol/h}=21.58\text{kmol/h}$

乙烯在塔顶的量　　$d_h=(23.1-21.58)\text{kmol/h}=1.52\ \text{kmol/h}$　$(d/w)_h=0.070$

$$\frac{\lg\left(\frac{d}{w}\right)_l-\lg\left(\frac{d}{w}\right)_h}{\lg\alpha_{lh}}=\frac{\lg82.9-\lg0.070}{\lg4.72}=4.56$$

非关键组分的物料分配根据式(1-26) 计算。

① 对氢气

$$\frac{\lg\left(\frac{d}{w}\right)_A-\left(\frac{d}{w}\right)_h}{\lg\alpha_{Ah}}=\frac{\lg\left(\frac{d}{w}\right)_A-\lg0.070}{\lg72.2}=4.56$$

解得　$$\left(\frac{d}{w}\right)_A=2.09\times10^7$$

说明氢气几乎全部由塔顶逸出，所以 $w_A\approx0$，$d_A=12.8$kmol/h。

② 对乙烷同理可得　$\left(\frac{d}{w}\right)_D=0.0157$

由式(1-27) 得　$$w_D=\frac{f_D}{(d/w)_D+1}=\frac{38.6}{0.0157+1}\text{kmol/h}=38.00\text{kmol/h}$$

$$d_D=0.6\text{kmol/h}$$

③ 对丙烯可得　$\left(\frac{d}{w}\right)_E=8.9\times10^{-6}$

说明丙烯几乎全部由釜液排出，所以 $d_E\approx0$，　$w_E=0.33$kmol/h。

计算结果列于下表：

组分	进料量	馏出液		釜液	
		d_i /(kmol/h)	x_{di}	w_i (kmol/h)	x_{wi}
氢气	12.80	12.80	0.322	0	0
甲烷	25.17	24.87	0.625	0.30	0.005
乙烯	23.10	1.52	0.038	21.58	0.358
乙烷	38.60	0.60	0.015	38.00	0.631
丙烯	0.33	0	0	0.33	0.006
Σ	100.00	39.79	1.000	60.21	1.000

1.3.2.3 简捷法估算理论塔板数

对于给定的分离任务，当全回流（$R=\infty$）操作时需要的理论塔板数 N_m 最少，而采用最小回流比 R_m 操作时需要的塔板数无穷多。在实际生产中操作回流比 R 介于 $R=\infty$ 和 R_m 之间，因此需要的理论塔板数 N 与 R、N_m、R_m 一定存在着某种对应关系，Gilliland 关联了 N、R、N_m、R_m 四者之间的关系，提出了一个经验算法——吉利兰图（见图 1-18）。

1.3.2.3.1 最小回流比和实际回流比

在指定的进料状态下，需用无穷多的塔板来完成规定分离要求时的回流比称为最小回流比，记为 R_m。在多组分精馏中，常用恩特伍德公式[见式(1-29a)和式(1-29b)]来估算最小回流比。推导该公式时有两个假设，即：①塔内气相和液相均为恒摩尔流率；②各组分的相对挥发度均为常数。

$$\sum_{i=1}^{n}\frac{\alpha_i x_{iF}}{\alpha_i-\theta}=1-q \tag{1-29a}$$

$$\sum_{i=1}^{n}\frac{\alpha_i x_{iD}}{\alpha_i-\theta}=R_m+1 \tag{1-29b}$$

式中 α_i——i 组分对基准组分的相对挥发度；

x_{iF}——进料中 i 组分的摩尔分数；

x_{iD}——馏出液中 i 组分的摩尔分数；

q——进料的液相分率；

θ——方程式的根；对于 n 组分系统有 n 个根，只取 $\alpha_h<\theta<\alpha_l$（α_h 和 α_l 分别为重、轻关键组分对基准组分的相对挥发度）的那个根。

如果轻、重关键组分不是挥发度相邻的两个组分，则由式(1-29b) 可得出两个或两个以上的 R_m（视相对挥发度在关键组分之间的组分数而定）。此时，可取其平均值作为 R_m。

应用上式计算 R_m 时，先由式(1-29a) 试差求出 θ，再将 θ 代入式(1-29b) 得到 R_m。

【例 1-7】 有苯（A）、甲苯（B）、乙苯（C）的三元混合物进行精馏，已知泡点进料，关键组分为苯和甲苯，进料、塔顶和塔釜组成见下表，求最小回流比。

组分	x_{iF}	x_{iD}	x_{iW}	α_{iC}
苯	0.6	0.995	0.005	5.75
甲苯	0.3	0.005	0.744	2.33
乙苯	0.1	—	0.251	1.00
Σ	1.0	1.000	1.000	

解：由题意知，轻、重关键组分为相邻组分，则 $2.33<\theta<5.75$，因泡点进料，故 $q=1$。

试差 θ，使 $\sum_{i=1}^{n}\frac{\alpha_i x_{iF}}{\alpha_i-\theta}=1-q=0$。

设 $\theta=2.93$，代入上式左边：

$$\sum_{i=1}^{n}\frac{\alpha_i x_{iF}}{\alpha_i-\theta}=\frac{5.75\times0.6}{5.75-2.93}+\frac{2.33\times0.3}{2.33-2.93}+\frac{1.00\times0.1}{1.00-2.93}$$
$$=0.0066\neq1-q$$

再设 $\theta=2.927$，经计算 $\sum_{i=1}^{n}\frac{\alpha_i x_{iF}}{\alpha_i-\theta}=0.001\approx1-q$

将 $\theta=2.927$ 代入式(1-29b) 中：

$$\sum_{i=1}^{n}\frac{\alpha_i x_{iD}}{\alpha_i-\theta}=\frac{5.75\times0.995}{5.75-2.927}+\frac{2.33\times0.005}{2.33-2.927}=2.0075=R_m+1$$

得 $R_m=1.0075$

最小回流比主要用来确定实际回流比，实际回流比的选择多出于经济方面的考虑，取最小回流比乘以某一系数，在实际情况下，如果取 $R/R_m=1.10$，常需要很多理论板数；如果取为1.50，则需要较少的理论板数。根据经验，一般取中间值1.30。

1.3.2.3.2 最少理论塔板数

达到规定分离要求所需的最少理论塔板数对应于全回流操作的情况，它是完成分离任务所需的理论塔板数的下限，是简捷法估算理论板数必须用到的一个参数。

芬斯克交替使用操作线方程和相平衡关系式，推导了在一定的分离条件下，双组分（A和B）精馏全回流时，所需最少的理论塔板数 N_m 与塔顶和塔釜产品中两组分的分配情况及相对挥发度的关系，即：

$$N_m=\frac{\lg\left[\left(\frac{x_A}{x_B}\right)_D\left(\frac{x_B}{x_A}\right)_W\right]}{\lg\alpha_{AB}}\tag{1-30}$$

式中 $\left(\frac{x_A}{x_B}\right)_D$ ——馏出液中A组分和B组分的摩尔分数之比；

$\left(\frac{x_B}{x_A}\right)_W$ ——釜液中B组分和A组分的摩尔分数之比；

α_{AB} ——全塔操作条件下，A组分对B组分的相对挥发度，取几何平均值。

推导此方程时，规定塔顶使用全凝器，并假设所有板都是理论板，从塔顶第一块理论板往下计塔板序号，并没有对组分的数目有何限制。因此用于多组分精馏时，可由关键组分的分离要求计算出最少理论板数，即式(1-31)，由该式看出，最少理论板数与进料组成无关，只决定于分离要求和关键组分之间的相对挥发度。

$$N_m=\frac{\lg\left[\left(\frac{x_l}{x_h}\right)_D\left(\frac{x_h}{x_l}\right)_W\right]}{\lg\alpha_{lh}}\tag{1-31}$$

1.3.2.3.3 理论塔板数的计算

吉利兰图（见图1-18）适用于在分离过程中相对挥发度变化不大的情况。若系统的非理想性很大，该图所得结果误差较大。

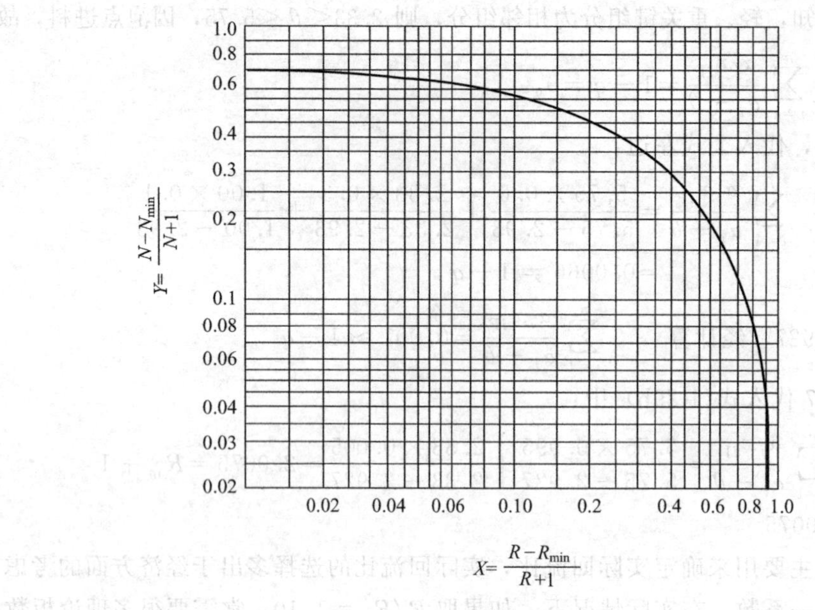

图 1-18　吉利兰图

1.3.2.3.4　进料位置的确定

确定进料位置的方法较多，此处介绍两种。

(1) 芬斯克全回流公式

全回流公式也可单独用于精馏段和提馏段，由此可确定适宜的进料板位置。具体计算：由芬斯克公式计算出精馏段的最少理论塔板数、最小回流比、实际回流比，根据吉利兰图确定精馏段的理论塔板数 n，由下式：

$$N=n+m \tag{1-32}$$

则提馏段理论塔板数 m 及进料位置也就确定了。

(2) 全塔范围内相对挥发度变化不大时的计算公式

$$\frac{n}{m}=\frac{\lg\left[\left(\frac{x_l}{x_h}\right)_d\left(\frac{x_h}{x_l}\right)_f\right]}{\lg\left[\left(\frac{x_l}{x_h}\right)_f\left(\frac{x_h}{x_l}\right)_w\right]} \tag{1-33}$$

然后可结合式(1-32) 求出 n，进而确定进料位置。

【例 1-8】 根据例 1-7 的物系及条件，用简捷法计算理论塔板数；若全塔效率为 75%，确定实际塔板数及进料位置。(已知泡点进料，常压操作，回流比 $R=1.5$)。

解：由上例可知，轻关键组分为苯，重关键组分为甲苯。

在全塔操作条件下，苯对甲苯的相对挥发度为：

$$\alpha_{lh}=\frac{\alpha_{AC}}{\alpha_{BC}}=\frac{5.75}{2.33}=2.468$$

则

$$N_m=\frac{\lg\left[\left(\frac{x_l}{x_h}\right)_D\left(\frac{x_h}{x_l}\right)_W\right]}{\lg\alpha_{lh}}=\frac{\lg\left(\frac{0.995}{0.005}\times\frac{0.744}{0.005}\right)}{\lg 2.468}=10.40(\text{块})$$

又 $R_m=1.0075$，$R=2$，则由吉利兰图得：$N=16.51$ 块，

$$\frac{n}{m}=\frac{\lg\left[\left(\frac{x_l}{x_h}\right)_d\left(\frac{x_h}{x_l}\right)_f\right]}{\lg\left[\left(\frac{x_l}{x_h}\right)_f\left(\frac{x_h}{x_l}\right)_w\right]}=\frac{\lg\left(\frac{0.995}{0.005}\times\frac{0.3}{0.6}\right)}{\lg\left(\frac{0.6}{0.3}\times\frac{0.744}{0.005}\right)}=0.808$$

再沸器效率按 100%计，相当于一块理论板，因全塔效率为 75%，则该塔需要实际板数为 15.51/0.75=20.68，即 21 块。

由 $N=n+m$ 得 $n=9.4$、$m=11.6$，即从上往下数第 10 块塔板上加料。

在实际生产中，精馏塔通常有 3 个进料口，安装在塔的不同塔板上。生产中应根据进料组成及状态，选择合适的进料口，必要时还需进行调整。最佳进料板位置的确定原则是：对物料温度在泡点或接近泡点时进料的精馏塔，进料的组成应与进料处塔板的组成相一致。这样精馏塔进料后不至于破坏各层塔板上的物料组成，从而保证平稳操作。

一般来说，当被分离混合物中易挥发组分增多时，就选择位置较高的进料口，以增加提馏段的板数；反之，则用位置较低的进料口。进料状态改变时也应相应地调整进料口，进料温度降低时，用位置较高的进料口；反之，用位置较低的进料口。

1.3.2.4 逐板法估算理论塔板数

逐板计算法较简捷法计算关联参数多、需联立求解物料衡算式、热量衡算式及相平衡关系式，工作量很大，需借助计算机完成，但计算结果精度高，还可确定精馏塔每块塔板上的温度、气液相组成和摩尔流率，它一般用于精馏塔的设计计算。下面简单介绍 L-M 法。

1.3.2.4.1 L-M 法基本原理

① 根据工艺上给出的分离要求进行物料衡算。

② 利用相平衡关系式确定离开同一块塔板的气液相组成。

③ 利用操作线方程确定相邻两块塔板上的气液相组成。

④ 交替使用相平衡关系式和操作线方程，逐板计算出理论板数。

1.3.2.4.2 精馏段塔板数的具体计算方法

① 物料衡算：由关键组分的分离要求等确定塔顶、塔釜的量和组成。

② 计算最小回流比，选择操作回流比。

③ 建立精馏段的操作线方程（各组分分别建立，塔板序号自下而上编号）。

若塔顶是全凝器，则：

$$y_{n+1,i}=\frac{R}{R+1}x_{n,i}+\frac{1}{R+1}x_{di}$$

④ 从塔顶往下逐板计算精馏段塔板数：

a. 全凝器时，$y_{1i}=x_{di}$；

b. 按塔顶第一块塔板组成 y_{1i} 和塔压来试差得到第一块塔板的温度(露点)，同时利用相平衡关系式得到与 y_{1i} 相平衡的液相组成 x_{1i}；

c. 再利用操作线方程确定离开第二块塔板上气相组成 y_{2i}，再利用相平衡关系式得到与 y_{2i} 相平衡的液相组成 x_{2i}；

d. 依此类推，交替使用操作线方程和相平衡关系式，一直计算到下降的液相组成接近进料组成为止，确定出精馏段塔板数。

1.3.2.4.3 提馏段塔板数的具体计算

计算方法与精馏段类似，只不过由塔釜向上计算，具体计算参见相关资料。

1.4 精馏塔的运行、停车及故障处理

1.4.1 目标与要求

1.4.1.1 知识目标

① 理解影响精馏操作的相关因素及精馏操作要遵循的三大平衡。

② 了解精馏操作中不正常现象（液泛、漏液）、产生原因、处理措施。

③ 了解精馏塔停车操作规程。

④ 了解常见故障的处理措施。

1.4.1.2 能力目标

① 能根据参数异常情况，分析产生故障的原因并实施处理。

② 能根据操作规程进行规范停车。

③ 熟记典型工艺参数数值，及时发现问题并处理。

1.4.1.3 学生工作表

<table>
<tr><td colspan="2">姓名：</td><td colspan="2">班级：</td><td colspan="2">组别：</td><td colspan="2">指导教师：</td></tr>
<tr><td>项目名称</td><td colspan="7">液化烃混合物的分离</td></tr>
<tr><td>任务名称</td><td colspan="5">1.4 精馏塔的运行、停车及故障处理</td><td>工作时间</td><td>8学时</td></tr>
<tr><td>任务描述</td><td colspan="7">利用化工仿真软件，按操作规程练习脱丁烷塔的停车步骤，熟记稳态运行时典型工艺参数的数值及控制方案，尝试对运行中异常情况进行分析处理</td></tr>
<tr><td>工作内容</td><td colspan="7">(1)按操作规程进行精馏装置的停车模拟操作；
(2)对运行过程中的异常工况进行分析及处理</td></tr>
<tr><td rowspan="5">项目实施</td><td rowspan="2">查阅资料</td><td colspan="3">《精馏单元操作手册》——东方仿真</td><td colspan="3">工艺简介、操作规程等</td></tr>
<tr><td colspan="3">《精馏操作规程》——搜集企业材料</td><td colspan="3">精馏操作安全规程</td></tr>
<tr><td>教师指导要点</td><td colspan="6">(1)影响精馏操作的相关因素；
(2)精馏操作中的不正常现象(液泛、漏液)及处理措施；
(3)了解常见故障的产生原因及相应处理措施；
(4)仿真训练时，应注意事项；
(5)安全相关知识</td></tr>
<tr><td>学生工作</td><td colspan="6">(1)能按照操作规程进行停车操作；
(2)熟记典型工艺参数数值，能及时发现异常情况；
(3)能对运行过程中异常工况进行分析，并处理如：
①塔釜(顶)温度突然升高；②泵坏；③调节阀卡；④回流中断；⑤仪表气源中断；⑥停电；⑦停水</td></tr>
<tr><td>评议优化</td><td colspan="6">(1)两小组互相观摩，讨论操作合理之处，得较优操作经验；
(2)组内或组间交流评议，共同完善操作；
(3)停车及故障分析考核</td></tr>
<tr><td>学习心得</td><td colspan="7"></td></tr>
<tr><td>评价</td><td>考评成绩</td><td colspan="2"></td><td>教师签字</td><td></td><td>日期</td><td></td></tr>
</table>

1.4.1.4　学生成果展示

姓名:	班级:	组别:	成果评价:

一、填空

1. 离心泵开车步骤是:开泵前阀,给泵________,并排空________,再________,当泵出口压力是泵前压力的________倍时,打开________。

2. 关闭离心泵的步骤是:________________________________。

3. 精馏塔停车的步骤可简述为:

①________________;　②________________;

③________________;　④________________。

4. 塔顶温度的调节方法,主要有两种:一是固定回流液温度,调节________;二是固定回流量,调节________。

5. 在精馏塔中,某一塔板与相邻板的组成变化较大,因而反映出的________也较大。在操作发生变化时,该板的________最灵敏,故该板称灵敏板,生产中常通过调节再沸器的________量控制灵敏板温度稳定。采用灵敏板的好处是:①________;②可以提前看出________物料的变化趋势,提前调节,避免釜液中的________组分超过工艺指标。温度升高说明________组分上移。

6. 分程调节的主要特点是:一个调节器的________同时控制两个工作范围不同的________阀。脱丁烷塔的分程调节实例是________________。

7. 有信号时阀关,无信号时阀________的为"气关"式调节阀。而气开式调节阀是无信号时阀________。调节阀选择"气开"还是"气关",主要从生产________的角度来考虑,当信号压力中断时,若阀门处于打开位置时的危险性大,则选择________。如再沸器蒸汽管线上的调节阀选用________。

8. 集散控制系统(DCS),它以分散的________适应分散的过程对象,同时又以________的监视、操作和管理达到控制全局的目的,它高智能、速度快,又大大提高了整个系统的安全可靠性。

9. 液泛形成原因有两点:一是________;二是________。判断方法是塔釜压力________,顶温________而中温和釜温________,若由釜温上升引起,则应减小或停止进料量,________(减小、增大)蒸汽量。

10. 自动调节系统主要由调节对象、________、控制器、________四部分组成,其中控制器相当于人的大脑,将参数测量值与给定值________,计算出二者的________,并发出________给执行机构,开大或关小调节阀,使参数________在给定值附近。

11. 图 1-10 中液位测量,是利用了测量两点的压差与液位高度的________关系进行的,二者之间的关系可表达为________________。

续表

二、选择题

1. 精馏塔正常生产中，引起釜温上升的原因可能是______________。

A. 疏水阀失灵

B. 釜液位过低或过高

C. 加热釜列管内堵塞

D. 再沸器的加热蒸汽压力上升

2. 对分离苯-甲苯溶液的精馏塔而言，下列说法不正确的是______________。

A. 塔压一定时，若馏出液中甲苯超标，则塔顶温度偏高

B. 塔压一定时，塔釜温度越低，则苯在釜液中流失越多

C. 塔压一定时，塔顶温度越低，苯的回收率越高

3. 导致精馏塔顶温升高的原因有可能是______________。

A. 釜温升高，顶温也可能升高

B. 进料量过大，塔顶冷凝器超过负荷，顶温也升高

C. 冷凝器列管表面有油或水垢后，降低了 K 值，顶温也高

4. 导致精馏塔顶温升高的原因不可能是______________。

A. 盛夏季节，循环水温度高导致回流液温度偏高，而回流量不变

B. 进料量过大，塔顶冷凝器超过负荷，顶温也升高

C. 釜温降低

三、问题分析及处理

对于分离甲醇-水的精馏塔，影响塔顶甲醇产品质量的主要因素有哪些？

1.4.2　知识提炼与拓展

1.4.2.1　精馏过程主要工艺参数控制

1.4.2.1.1　影响精馏操作的因素

(1) 操作因素

① 塔的温度和压力；

② 进料状态；

③ 进料量；

④ 进料组成；

⑤ 进料温度；

⑥ 塔内上升蒸气速度和蒸发釜的加热量；

⑦ 回流量；

⑧ 塔顶冷剂量；

⑨ 塔顶采出量；

⑩ 塔釜采出量。

精馏塔的操作就是对以上若干因素进行调节，克服各种影响因素的变化，保证塔顶和塔釜产品的数量及组成。

(2) 设备因素

① 塔身倾斜；

② 塔盘松动导致变形、倾斜、脱落等——降低塔板效率。

1.4.2.1.2　保证精馏塔连续稳定运行、控制产品质量的工艺参数

① 进料流量；

② 塔压；

③ 灵敏板温度；

④ 回流量；

⑤ 塔釜液位；

⑥ 回流槽液位。

控制方案见图 1-10。

1.4.2.1.3　控制精馏塔塔釜液面的意义

只有塔釜液位稳定，才能保证塔釜传热稳定以及由此决定的塔釜温度、塔内上升蒸气量、釜液组成等的稳定，塔釜液位的稳定是保证精馏塔平稳操作的重要条件之一。

塔釜液位的调节，多半是用釜液的排出量来控制的。釜液面增高，排出量增大（见图 1-19 和图 1-20）；釜液面降低，排出量减少。也有用加热釜的热剂量来控制塔釜液位的，釜液面增高，热剂量加大。但是只知道这些是不够的，还应了解影响其变化的原因，才能有针对性地进行处理。

影响釜液面变化的原因主要有以下五个方面。

(1) 釜液温度的变化

在压力不变的前提下，釜温降低，就改变了塔釜的气-液平衡组成，釜液中轻组分的含量和釜液量增加。在釜液采出不变的情况下，将使釜液面升高。此时，应首先恢复正常的釜

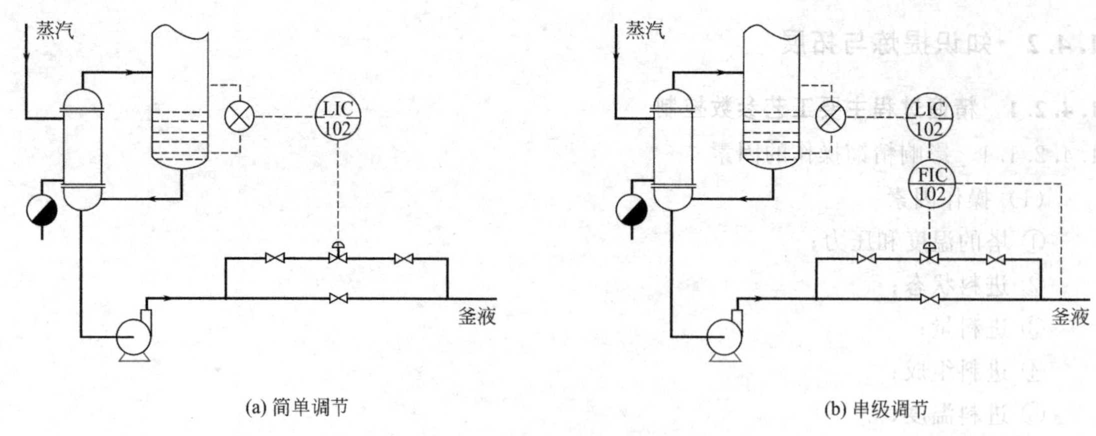

(a) 简单调节　　(b) 串级调节

图 1-19　塔釜液位的控制方案

温，否则，会造成大量的轻组分损失。

（2）进料组成的变化

当进料量中重组分含量增加时，根据物料衡算，釜液量将增加，此时应相应地加大釜液排出量，否则釜液面会升高。

（3）进料量的变化

进料量增大，釜液排出量应相应地加大，否则液面会升高。

（4）调节机构失灵

此时，应改自动调节为手动调节，同时联系检修。

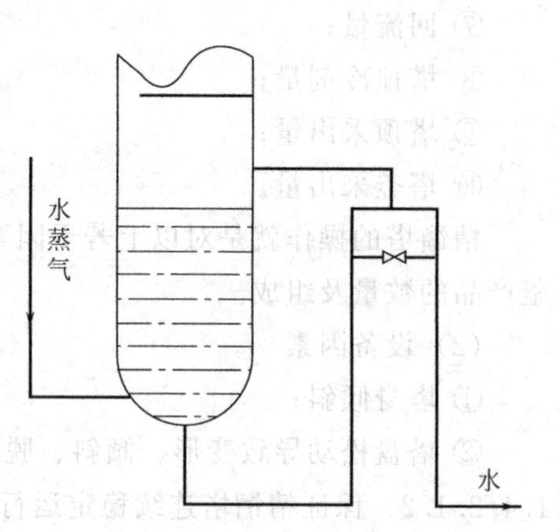

图 1-20　塔釜液位的溢流控制

（5）其他

在开车初期，由于供热不足，大量的轻组分容易进入塔釜，导致液位较高。因此，对于刚开车的塔，应在进料之前，对加热釜先适当预热，在塔釜见液面之后就要适量供热，否则将会使釜温不易提起，使液面过高，釜液排出量增大，以至釜液中轻组分的损失增大。

1.4.2.1.4　调节精馏塔温度的方案

（1）顶温控制方案

塔顶温度是决定塔顶产品质量的重要因素。在塔压不变的前提下，顶温升高，说明塔顶产品中的重组分含量增加，质量下降。

当塔顶产品是主要产品或对塔顶有较高要求时，应选用塔顶温度为质量指标，用回流量作为操纵变量，见图 1-21。

（2）釜温控制方案

当塔釜产品是主要产品或对塔釜有较高要求时，应选用塔釜温度为被调参数，可以改变再沸器加热量作为操纵变量。

（3）灵敏板温度控制方案

对于连续化精馏装置而言，若对塔顶和塔底质量都有一定的要求时，通常取精馏塔的灵敏板温度作为被控变量、再沸器加热量作为操纵变量，目的是及时发现操作线的移动情况，兼顾塔顶和塔底组分变化。

在精馏塔的逐板计算中，可以发现某一板（或某一段）与相邻板的组成变化较大，因而反映出的温度变化也较大。在操作发生变化时，该板的温度变化最灵敏，故该板称灵敏板，生产中常通过灵敏板温度调节再沸器的加热蒸汽量，见图 1-22。

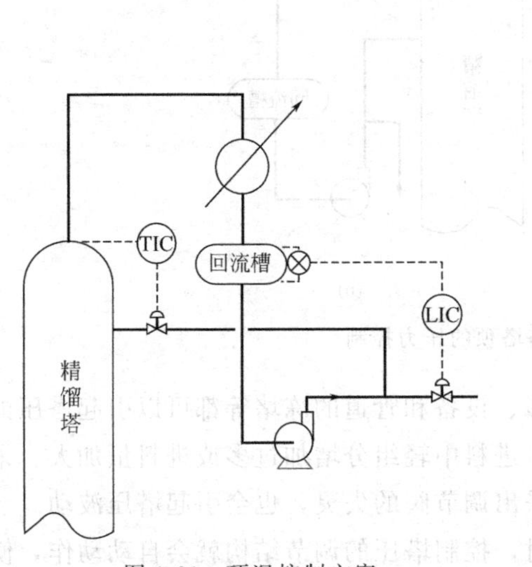

图 1-21　顶温控制方案

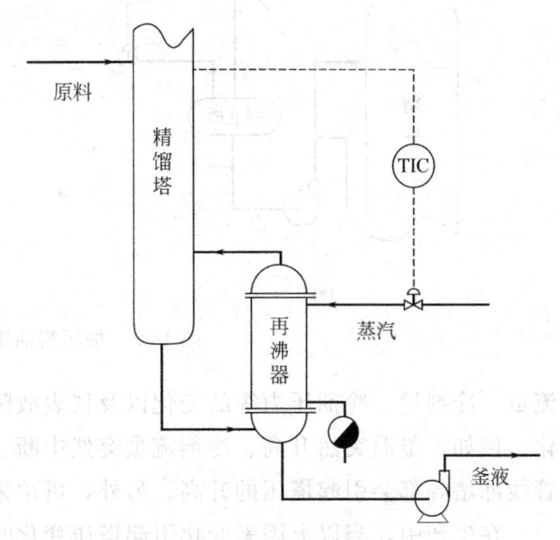

图 1-22　灵敏板温度的控制方案

采用灵敏板的好处是：

① 变化灵敏，调节准确；

② 可以提前看出塔釜物料的变化趋势，提前调节，避免釜液中的轻组分超过工艺指标。温度升高说明重组分上移，温度下降说明轻组分下移。

对精馏塔而言，不论是哪种方案，控制的都是代表质量指标的温度、塔液位和馏出槽液位。但为了精馏塔的安全正常运行，还得对流量进行定值调节，对塔压进行监控。

1.4.2.1.5　精馏操作中塔压的调节与影响因素

塔的压力是精馏塔的主要控制指标之一。任何一个精馏塔的操作，都应当把塔压控制在规定的指标内，以相应地调节其他参数。塔压波动过大，就会破坏全塔的物料平衡和气-液平衡，使产品达不到所要求的质量。

（1）加压塔的塔压调节方法

① 塔顶冷凝器为分凝器时，塔压一般是靠气相采出量来调节的，见图 1-23（a）。在其他条件不变的情况下，气相采出量增大，塔压下降；气相采出量减小，塔压上升。

② 塔顶冷凝器为全凝器时，塔压多是靠冷剂量的大小来调节，即相当于调节回流液的温度，见图 1-23（b）。在其他条件不变的前提下，加大冷剂量，则回流液的温度降低，塔压降低；若减少冷剂量，回流液的温度上升，塔压上升。

（2）常压塔的压力控制方法

① 对塔顶温度在稳定性要求不高的情况下，无需安装压力控制系统，在冷凝器或回流罐上设置一个通大气的管道，以保证塔内压力接近于大气压，见图 1-10。

② 对塔顶温度在稳定性要求较高或被分离的物料不能和空气接触时，塔顶压力的控制可采用加压塔塔压的控制方法。

影响塔压变化的因素是多方面的，例如塔顶温度、塔釜温度、进料组成、进料流量、回

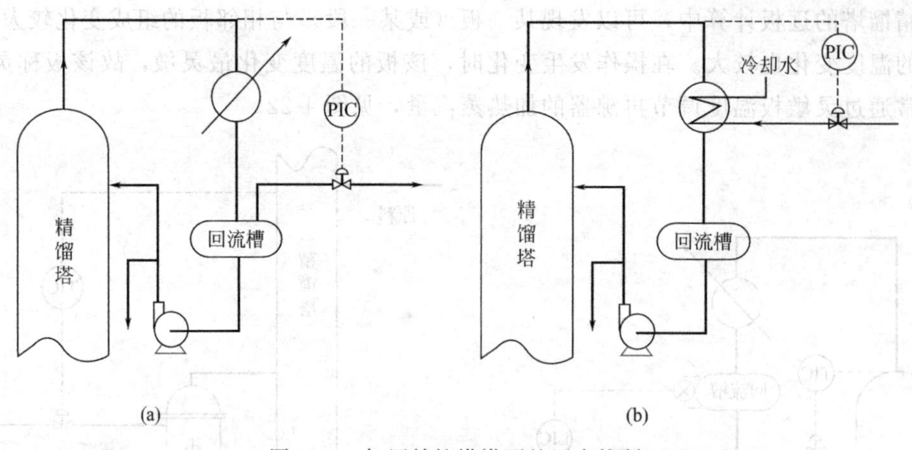

图 1-23　加压精馏塔塔顶的压力控制

流量、冷剂量、冷剂压力等的变化以及仪表故障、设备和管道的冻堵等都可以引起塔压的变化。例如，釜温突然升高、冷剂流量突然中断、进料中轻组分增加过多或进料量加大、采出管线冻堵等都会引起塔压的升高。另外，塔顶采出调节阀的失灵，也会引起塔压波动。

在生产中，当以上因素变化引起塔压变化时，控制塔压的调节结构就会自动动作，使塔压恢复正常。

1.4.2.1.6　精馏塔塔顶的采出量对精馏操作的影响

精馏塔塔顶采出量的大小和该塔进料量的大小有着相互对应的关系。在回流槽液面恒定的情况下，进料量增大，则采出量也应增大。

众所周知，采出量只有随进料量及组成变化而改变时，才能保持塔内物料平衡不被破坏，维持塔的正常操作。采出量变化应是在其弹性允许的范围内进行，超出弹性允许范围，则应及时对进料量和热负荷进行调节，以此来维持回流比稳定在指标允许的范围内。

例如，当进料量不变时，若塔顶采出量增大，超出弹性范围，势必破坏了原有的物料平衡，重组分上移。并且回流比减小，引起各板上的回流液量减少，气液接触不好，传质效率下降；同时操作压力也下降，最终结果是各板上的气液相组成发生变化，重组分被带到塔顶，塔顶产品质量不合格，作为间接衡量组分变化的塔内温度，尤其是精馏段灵敏板温度首先反映出上涨现象。

反之，如果进料量加大，而塔顶采出量不变，超出弹性范围，其后果也使原有的物料平衡和气液相组成破坏，回流比增大，塔内物料增多，釜液中轻组分浓度提高，上升蒸气速度增大，塔顶与塔釜的压差增大，严重时会引起液泛。

1.4.2.2　正常生产中故障分析及处理

1.4.2.2.1　正常操作时，釜温升不起来的原因

(1) 釜液循环不畅

① 塔底加热釜的液相循环管堵塞。

② 管内的物料结焦或列管被堵塞。

③ 塔釜组分过重，现有的热剂不能将釜液加热到泡点，致使釜液循环不畅通。

④ 釜液面太低或太高。

(2) 排水阻气阀失灵

(3) 加热釜的热剂压力下降

1.4.2.2.2 精馏操作中的液泛现象及其处理方法

精馏塔内蒸气上升速度超过了最大允许速度并增大至某一数值，液体被气体阻拦不能向下流动，越积越多，甚至可从塔顶溢出，称为液泛。

判断方法：塔釜的压力陡增；顶温过低而釜温、中温接近。

形成原因：主要是塔内上升蒸气速度过大所造成，也可能是液体负荷太大，使溢流管内液面逐渐升高，以至上、下塔板的液体连在一起。

精馏操作中出现液泛现象时，正常的操作要受到破坏，塔顶产品质量变差，这时要分析产生液泛的原因，做出相应的处理。

① 若是设备问题引起的，应该停车检修。

② 若是操作不当，釜温突然上升引起的，则应停止或减少进料量，稍降釜温，停止塔顶采出，进行全回流操作，使带到塔顶去的难挥发组分慢慢地流到塔釜；当生产不允许停止进料时，可将釜温控制在稍低于正常的操作温度下，加大塔顶采出量（此时，馏出液送不合格产品储槽），减小回流比，当塔压降至正常值后，再将操作条件全面恢复正常。

1.4.2.2.3 导致顶温升高的原因及处理方法

① 釜温升高，顶温也可能升高。

措施：恢复正常釜温，顶温自然会正常。若不恢复釜温，一味降低回流液的温度，势必引起塔顶冷量、塔釜热量的不必要的消耗。

② 进料量过大，塔顶冷凝器超过负荷，顶温也会升高。

措施：提高冷剂流量或压力。

③ 进料中含有不凝气体，使回流量下降，也会使顶温升高。

措施：排放不凝气。

④ 塔压升高，在维持产品质量不变的前提下，顶温也会随之升高。

措施：分析顶温升高的原因，恢复正常塔压。若一味用加大回流量来降低顶温，其结果可能造成液泛。

⑤ 冷凝器的列管表面有油或水垢后，降低了传热系数，顶温也会升高。

措施：提高回流量是临时措施，应及时清垢或更换冷凝器。

⑥ 回流管冻堵，顶温也会升高。

措施：疏通回流管并保温。

1.4.2.2.4 影响甲醇收率的常见因素以甲醇-水物系精馏为例

(1) 精馏收率

在单位时间内，精馏得到的精甲醇质量占投入粗甲醇原料（换算为纯甲醇的理论质量）的百分比，其计算公式表示为：

$$\text{甲醇精馏收率}=\frac{\text{单位时间精甲醇产量(t)}}{\text{单位时间粗甲醇投入量(m}^3\text{)}\times\text{相对密度}\times\text{甲醇含量}}\times 100\%$$

由于各种因素的存在，投入的粗甲醇经过精馏加工后不可能百分之百地收回，收率的高低是工艺、设备及管理状况的综合反映。

(2) 影响甲醇精馏收率的因素

① 塔顶温度过高，导致重组分带到塔顶，使产品不合格，返蒸会降低收率；

② 塔釜温度过低，甲醇会从釜液中排出；

③ 冷凝温度过高，甲醇冷不下来，从放空管跑掉；

④ 设备的泄漏会大大影响到收率，所以在加强工艺操作指标控制的同时，也应定时对蒸汽冷凝水中的甲醇含量及残液中甲醇含量进行检测，发现问题及时予以消除。

1.4.2.2.5　采用强制回流的精馏塔回流突然中断的原因

① 回流液泵的电机跳闸；

② 回流液储槽内的物料抽空；

③ 回流液泵不上量；

④ 对低沸点的回流液，因温度过高或泵的输出量过小，物料在泵内气化而不上量。

处理措施：应根据引起回流中断的原因，采取相应的措施处理，若短时间内不能排除故障，按临时停车处理。

1.4.2.2.6　系统运行中仪表故障的判断

系统运行仪表故障的一般判断方法如下：

① 仪表记录曲线的前后比较；

② 一、二次表测量值的比较（什么是一次表、二次表?）；

③ 此表与相关表测量值的综合分析。

1.4.2.2.7　精馏塔压突然升高或大幅度波动的原因分析及处理

① 冬季精馏塔尾气管积液。

处理：与相关工段联系用 N_2 吹除管路。

② 加料组成变化大，轻组分过多。

处理：加大馏出量，与相关工段联系，稳定加料组成。

③ 加料量突然增大。

处理：减少加料量，检查加料旁通阀是否误开或内漏。

④ 操作不当造成塔积液或冲塔使塔压瞬时增高或波动。

处理：降量、降温、缓慢动作调节阀。

⑤ 有聚合物或固体物堵塔，使塔压逐步升高。

处理：停车清洗。

⑥ 塔液位高过测压点，使塔压不稳。

处理：及时排出釜液，降低塔液位。

⑦ 塔压表失灵。

处理：与仪表工联系检修，拆开法兰排出积液。

1.4.2.2.8　精馏塔现场安全阀跳开的主要原因

① 再沸器列管堵塞或不畅通；

② 疏水器失灵；

③ 空釜；

④ 满釜；

⑤ 底部物料黏稠，高沸物多；

⑥ 操作不慎引起液泛等。

1.4.2.2.9　精馏操作应遵循的三大平衡

掌握好物料平衡、气-液平衡、热量平衡是精馏操作的关键，三平衡相互影响、相互制约，操作中以物料平衡的变化为主，相应调节热量平衡去达到气-液平衡的目的。

（1）物料平衡

物料平衡是关键，与气-液平衡密切相关。

总物料平衡　$F=D+W$

某组分物料平衡　$Fx_{fi}=Dx_{di}+Wx_{wi}$

（2）相平衡

$$y_i=K_ix_i$$

（3）热量平衡

对每块塔板：　$Q_{冷凝}=Q_{气化}$

对全塔：　$Q_{入}=Q_{出}+Q_{损}$

物料平衡体现了塔的生产能力，主要靠进料量、塔顶馏出量、塔釜采出量来调节，当操作不符合总物料平衡时，可从塔压差的变化看出，若进得多出得少，则塔压差上升。正常情况下精馏塔的塔压差应在一定的范围内，若塔压差过大，说明塔内上升蒸气的速度过大，雾沫夹带严重，甚至发生液泛破坏塔的正常操作；塔压差过小，表明塔内上升蒸气的速度过小，塔板上气液湍动的程度过低、传质效果差，对浮阀、筛板、斜孔等塔板还会产生泄漏，降低塔板效率。若塔顶（轻组分）采出量超出物料平衡量，则全塔的物料组成将随着操作的进行而逐渐变重，全塔温度逐步升高，塔顶馏出液中重组分浓度（增加）超标；反之若塔釜（重组分）采出量超出物料平衡量，则全塔温度逐步降低，釜液中轻组分浓度增加。

气-液平衡主要体现了产品质量及损失情况，通过调节操作条件（温度、压力）及塔板上气液接触的情况来达到，只有在温度、压力固定时，才有确定的气-液平衡组成。气-液平衡与物料平衡密切相关，物料平衡掌握得好，塔内上升蒸气速度合适，气液接触效果好，则传质效率高，每块塔板上的气、液组成就越接近平衡组成。

热量平衡既是物料平衡和相平衡得以实现的基础，又依附于两平衡。如进料量或组成发生改变，则塔釜耗热量与塔顶耗冷量均应做相应改变。反之，热量平衡改变也会影响到物料平衡和相平衡，如再沸器的供热不够，会造成釜温达不到规定值，一是致使物料平衡破坏，釜液排出量增多，塔顶馏出量减少，对塔顶得到产品的工艺过程来说，塔的生产能力下降；二是气-液平衡破坏，塔内上升蒸汽量减少，气液接触效果变差，传质效率下降，同时液相中轻组分含量增加，导致釜液中轻组分流失（损失增大）。

1.4.2.3　精馏 DCS 仿真操作应注意的问题

1.4.2.3.1　仿真操作的特点

化工生产所处理的原料和产品多为易燃、易爆、有毒，安全性要求高；生产过程多具备连续性，误操作对生产和环境的影响巨大；一般不具备学生实际操练的条件。

化工仿真软件将化工生产的动态过程模拟化，仿真实训解决了生产实习过程中只能看、不能动的问题，通过对单元操作及单元过程的开停车和故障处理的反复练习，学生很快就能获得一些工作几年都难以得到的操作经历和理论联系实际的体会。

不足之处是：不规范操作带来的安全问题不足以引起震撼（如压力严重超标，实际生产会引起爆炸），不利于养成规范操作的习惯。

1.4.2.3.2　仿真实训的要求

鉴于化工企业对从业者的素质和技能要求较高，因此，化工工艺类高职学生除对知识掌握要求外，必须进行安全性、规范性、标准化的反复训练、仿真模拟等训练，才能达到培养目标的要求。为强化学生的安全生产意识，仿真实训要求如下。

① 实训前首先让学生熟悉生产工艺流程、工艺参数控制方案。

② 严格按操作规程规范操作，开车时要精心调节，平稳调控工艺参数。切忌粗心大意、调节过猛而使工艺参数波动过大。

③ 强化学生的安全生产意识，严禁利用软件漏洞缩短运行时间（如将备用泵同时启动）。

1.4.2.3.3　仿真操作注意事项

① 开车操作时，阀门开度不宜迅速开得过大；工业生产中，若流速过大会导致管道振动、噪声或发生事故，另外增加了平稳调控参数的难度。

② 自动调节仪表的使用。开车、停车或出现故障时，工艺参数处于不稳态，要手动操作；当开车接近稳定时，需被控参数的测量值与给定值接近且调节阀阀门开度在50%左右时，再由手动切换至自动，这样方可保证工艺参数的波动小些。

1.5 甲醇精馏装置的生产实训

1.5.1 目标与任务分解

1.5.1.1 知识目标

① 熟悉精馏仪表流程图的规范画法；

② 熟悉典型工艺参数的控制方法；

③ 了解精馏塔侧线采出的应用；

④ 了解安全相关知识（甲醇物性、毒性、燃爆性等、压力容器）；

⑤ 了解锅炉相关知识；

⑥ 了解反渗透制纯净水的原理及操作；

⑦ 了解甲醇产品的纯度测定方法；

⑧ 熟悉精馏塔的开车及停车程序。

1.5.1.2 能力目标

① 对多组分物系确定分离方法，合理选择流程方案；

② 能规范绘制现场流程图和DCS图；

③ 尝试编写精馏装置开车方案；

④ 尝试编写精馏装置停车方案；

⑤ 根据开车操作规程，规范开车；

⑥ 根据停车操作规程，规范停车；

⑦ 会初步分析生产过程中的故障，并处理。

1.5.1.3 素质目标

① 培养团队合作能力与交流沟通能力；

② 树立节能、经济意识；

③ 树立安全生产、环境保护的观念；

④ 培养诚实守信、敬业爱岗的良好职业道德素养；

⑤ 具有可持续发展的能力；

⑥ 具有一定的组织与协调能力。

1.5.1.4 任务分解

任务	子任务	学习场所	学时
甲醇精馏装置生产实训	绘制精馏装置现场流程图和DCS图	分离纯化实训室	6
	精馏塔的开停车准备	仿真实训室、分离纯化实训室	18
	精馏塔的开停车运行	分离纯化实训室	16

1.5.2 学生工作汇总

1.5.2.1 学生工作页（一）

<table>
<tr><td colspan="2">姓名：</td><td>班级：</td><td>组别：</td><td colspan="2">指导教师：</td></tr>
<tr><td>课程名称</td><td colspan="5">精细化学品分离纯化技术</td></tr>
<tr><td>项目名称</td><td colspan="5">甲醇精馏装置生产实训</td></tr>
<tr><td>任务名称</td><td colspan="3">绘制精馏装置现场流程图和DCS图</td><td>工作时间</td><td>6学时</td></tr>
<tr><td>任务描述</td><td colspan="5">通过绘制精馏现场的控制流程，熟悉精馏原理及基本流程，规范工艺流程图的绘制方法，熟悉精馏塔、再沸器、冷凝器的结构，熟悉 $T\backslash p\backslash L\backslash F$ 的典型控制方案</td></tr>
<tr><td>工作内容</td><td colspan="5">(1)叙述精馏装置的构成及工艺流程；
(2)叙述固定管板式换热器、浮头式换热器的结构及应用场合；
(3)依据现场装置，叙述工艺流程，画出控制（带控制点）流程图和DCS图；
(4)工艺参数控制方案的构成</td></tr>
<tr><td rowspan="9">项目实施</td><td rowspan="5">参考资料</td><td colspan="2">《化工仪表及自动化》等</td><td colspan="2">工艺参数控制方案的构成</td></tr>
<tr><td colspan="2">《化工分离技术》等</td><td colspan="2">精馏装置的构成及工艺流程</td></tr>
<tr><td colspan="2">《化工设计概论》等</td><td colspan="2">带控制点的流程图绘制</td></tr>
<tr><td colspan="2">《化工单元操作》等</td><td colspan="2">换热器结构及应用场合</td></tr>
<tr><td colspan="2">网络资源、其他</td><td colspan="2"></td></tr>
<tr><td>教师
指导要点</td><td colspan="4">(1)生产现场安全要求；
(2)装置介绍；
(3)控制流程图的规范绘制：设备、管道、阀门、仪表的表示方法；
(4)影响精馏操作质量的因素；
(5)连续生产需控制的工艺参数及控制方案</td></tr>
<tr><td>现场工作</td><td colspan="4">(1)绘制精馏装置控制流程；
(2)叙述工艺流程</td></tr>
<tr><td>评议优化</td><td colspan="4">(1)小组内交流、评议；
(2)小组间评议、提交教师，引导学生完善流程图绘制</td></tr>
<tr><td colspan="4"></td></tr>
<tr><td>学习心得</td><td colspan="5"></td></tr>
<tr><td>考评成绩</td><td colspan="2"></td><td>教师签字</td><td colspan="2">日期</td></tr>
</table>

1.5.2.2 学生工作页（二）

<table>
<tr><td>姓名：</td><td colspan="2">班级：</td><td>组别：</td><td>指导教师：</td></tr>
<tr><td>课程名称</td><td colspan="4">精细化学品分离纯化技术</td></tr>
<tr><td>项目名称</td><td colspan="4">甲醇精馏装置生产实训</td></tr>
<tr><td>任务名称</td><td colspan="2">甲醇精馏装置的开车、停车准备</td><td>工作时间</td><td>12学时</td></tr>
<tr><td>任务描述</td><td colspan="4">(1)熟悉开车前应做的准备工作(各岗位协调配合)；
(2)熟悉各阀门、仪表的作用；
(3)熟悉影响 T\p\L\F 相关因素及控制方法；
(4)了解安全相关知识(甲醇物性、毒性、燃爆性、压力容器等)；
(5)了解锅炉相关知识；
(6)了解反渗透制纯净水的原理及操作；
(7)了解甲醇产品的纯度测定方法；
(8)熟悉精馏塔的开车及停车程序</td></tr>
<tr><td>工作内容</td><td colspan="4">(1)给相关阀门、仪表标记；
(2)小组讨论，写出开、停车操作规程(参考及精馏操作相关资料)；
(3)组间交流，教师参与，完善开、停车操作规程，制定安全注意事项；
(4)以小组为单位，定岗定员，分工合作，模拟开、停车过程；
(5)解决模拟生产中出现的各种问题</td></tr>
<tr><td rowspan="6">项目实施</td><td rowspan="3">参考资料</td><td>《精馏操作相关知识》</td><td colspan="2">精馏操作的相关知识</td></tr>
<tr><td>《精馏单元操作手册》——东方仿真</td><td colspan="2">精馏开、停车的步骤</td></tr>
<tr><td>其他</td><td colspan="2">精馏装置开、停车规程</td></tr>
<tr><td>教师
指导要点</td><td colspan="3">(1)膜分离及反渗透分离原理、浓差极化现象；
(2)影响再沸器、冷凝器传热效果的因素；
(3)精馏操作相关知识；
(4)锅炉安全使用；
(5)安全警示及各岗位的分工与配合</td></tr>
<tr><td>现场工作</td><td colspan="3">(1)在弄清控制流程基础上，给设备、阀门、仪表标记(固定)；
(2)制定开、停车操作规程，并完善；
(3)分工合作，模拟开、停车操作，挂标识牌，分析运行中出现的问题；
(4)复述原料、甲醇产品及塔废水含量的测定方法；
(5)记录工作过程中的不足并讨论解决；
(6)总结工作流程，评议工作过程</td></tr>
<tr><td>评议优化</td><td colspan="3">(1)小组内交流、评议；
(2)两小组间交流、讨论，疑问提交教师；
(3)教师引导学生分析问题，完善开、停车操作规程，增强安全生产意识</td></tr>
<tr><td>学习心得</td><td colspan="4"></td></tr>
<tr><td>考评成绩</td><td></td><td>教师签字</td><td></td><td>日期</td></tr>
</table>

1.5.2.3　学生工作页（三）

<table>
<tr><td>姓名：</td><td colspan="2">班级：</td><td colspan="2">组别：</td><td>指导教师：</td></tr>
<tr><td>课程名称</td><td colspan="5">精细化学品分离纯化技术</td></tr>
<tr><td>项目名称</td><td colspan="5">甲醇精馏装置生产实训</td></tr>
<tr><td>任务名称</td><td colspan="3">甲醇精馏装置的运行(开车、停车、故障分析及处理)</td><td>工作时间</td><td>18 学时</td></tr>
<tr><td>任务描述</td><td colspan="5">(1)熟悉开车前应做的准备工作(各岗位协调配合)；
(2)熟悉精馏塔的开、停车程序；
(3)熟悉各阀门、仪表作用及 $T\backslash p\backslash L\backslash F$ 控制方案；
(4)了解锅炉安全运行知识；
(5)理解反渗透制纯净水的操作规程
(6)了解甲醇产品的纯度测定方法</td></tr>
<tr><td>工作内容</td><td colspan="5">(1)各岗位协调配合,做好锅炉用水和精馏塔热源的供应工作；
(2)根据开车操作规程,小组成员分工合作、规范开车,另一组成员观摩；
(3)教师设置故障,学生分析解决；
(4)小组成员分工合作、按操作规程规范停车,分析解决开、停车中出现的问题；
(5)组间交流,讨论操作体会</td></tr>
<tr><td rowspan="6">项目实施</td><td rowspan="3">参考资料</td><td colspan="2">《精馏操作相关知识》</td><td colspan="2">精馏操作的相关知识</td></tr>
<tr><td colspan="2">《精馏单元操作手册》——东方仿真</td><td colspan="2">精馏开、停车操作步骤</td></tr>
<tr><td colspan="2">网络资源、其他</td><td colspan="2">精馏开、停车操作规程</td></tr>
<tr><td>教师指导</td><td colspan="4">同 1.5.2.2 节</td></tr>
<tr><td>现场工作</td><td colspan="4">(1)检查各阀门是否处于关闭状态；
(2)做好锅炉用水的准备工作(反渗透过程制备出合格软水)；
(3)锅炉开车得合格蒸汽；
(4)小组成员分工合作,根据开车操作规程规范开车,另一组成员观摩；
(5)教师设置故障,学生分析解决；
(6)根据停车操作规程,规范停车；
(7)分析解决开、停车及运行中出现的问题；
(8)记录工作过程中的现象及结果；
(9)进行原料、甲醇产品及塔釜废水的含量测定；
(10)复原现场状态,检查水、电及相关阀门是否关闭等；
(11)总结工作流程,评议工作过程</td></tr>
<tr><td>评议优化</td><td colspan="4">(1)小组内交流,评议；
(2)组间评议、讨论,教师参与,总结经验与教训,强化精馏操作技能,提高安全生产意识</td></tr>
<tr><td>学习心得</td><td colspan="5"></td></tr>
<tr><td>考评成绩</td><td colspan="2"></td><td colspan="2">教师签字</td><td>日期</td></tr>
</table>

1.5.2.4 学生成果展示表

姓名：	班级：	组别：	成果评价：

一、填空

1. 降低精馏塔操作压力，使整个精馏系统的气-液平衡温度__________，将__________组分间的相对挥发度，使组分分离变得__________；使再沸器的加热量__________，节省能量。

2. 当塔顶产品是主要产品或对塔顶有较高要求时，选用__________温度为被调参数，用__________作为操纵变量，构成精馏段温控系统方案；当对塔釜有较高要求时，选用__________温度为被调参数，用再沸器__________作为操纵变量，构成提馏段温控系统方案。以上两种方案，目前仅用于间歇生产或物料回收系统使用。在连续化生产中，往往对精馏塔塔顶、塔底都有一定的浓度要求，我们取精馏塔的__________温度作为被控变量，再沸器__________作为操纵变量，目的是及时发现操作线的移动情况，兼顾塔顶和塔底__________变化。这是常压精馏塔常用的一种方案。结合实际精馏塔操作情况，不论是哪种方案，控制的都是代表质量指标的温度和馏出槽液位。但为了精馏塔的安全正常运行，还得对__________进行定值调节，对__________进行监控。

3. 精馏塔内温度由塔底至塔顶逐渐__________，在接近精馏塔顶和塔底的相当一段高度内，气液组成和温度变化__________。如果只测塔两端温度，一旦塔顶或塔底温度发生可察觉的温度变化时，塔顶或塔底产品的组成已经__________了；而在塔中部的塔板上，温度随塔高有__________的变化。若塔内浓度分布发生变化，则这些板上的温度将发生__________的变化。

二、选择题

1. 下列设备中，属于单级平衡分离的设备是__________。

A. 再沸器　　B. 分凝器　　C. 闪蒸槽　　D. 全凝器

2. 装置 DCS 图中，表示具有指示、控制功能的液位仪表的是__________。

A. FIC　　B. LRC　　C. LICA　　D. LIC

3. 下列说法中正确的是__________。

A. 精馏操作中，越往上塔板的温度越低、压力越高

B. 精馏塔维持正常操作必要条件是塔顶液体回流和塔底蒸气回流

C. 塔釜液位的稳定是保证精馏塔平稳操作的重要条件之一。

4. 对多组分精馏塔而言，合理的说法是__________

A. 给出分离要求的两个组分是关键组分，比轻关键组分还轻的组分全部或接近全部进入馏出液，在塔釜量可忽略，比重关键组分还重的组分全部或接近全部进入釜液

B. 精馏塔的任务是按分离要求将轻、重关键组分分开

C. 精馏操作中，越往上塔板的温度越低、压力越低

D. 空塔加料时精馏段处于干板操作状态，塔釜的升温速度要缓慢

E. 塔压一定时，顶温升高，说明重组分上移；顶温降低，则轻组分在釜液中流失加重

F. 在塔压稳定的前提下，为保证轻关键组分的回收率，塔顶温度越低越好

续表

5. 已知精馏塔压力和馏出液组成，冷凝器为全凝器，则塔顶温度可通过计算________来确定。

A. 釜液组成下的泡点　　B. 馏出液组成下的露点　　C. 馏出液组成下的泡点

6. 在二元混合液中，沸点高的组分称为________组分。

A. 不挥发　　B. 难挥发(重组分)　　C. 易挥发

7. 对于二元理想溶液，下列说法不正确的是________

A. 若轻组分含量越高，则泡点温度越低

B. 相对挥发度 α 越大，说明该物系越易精馏分离

C. x-y 图上的平衡曲线离对角线越近，说明精馏分离该物系需塔板数少

三、方案设计

1. 确定分离甲醇(35%)、异丙醇(0.8%)的水溶液，得精甲醇和排放水的流程方案，采用两塔还是一塔？

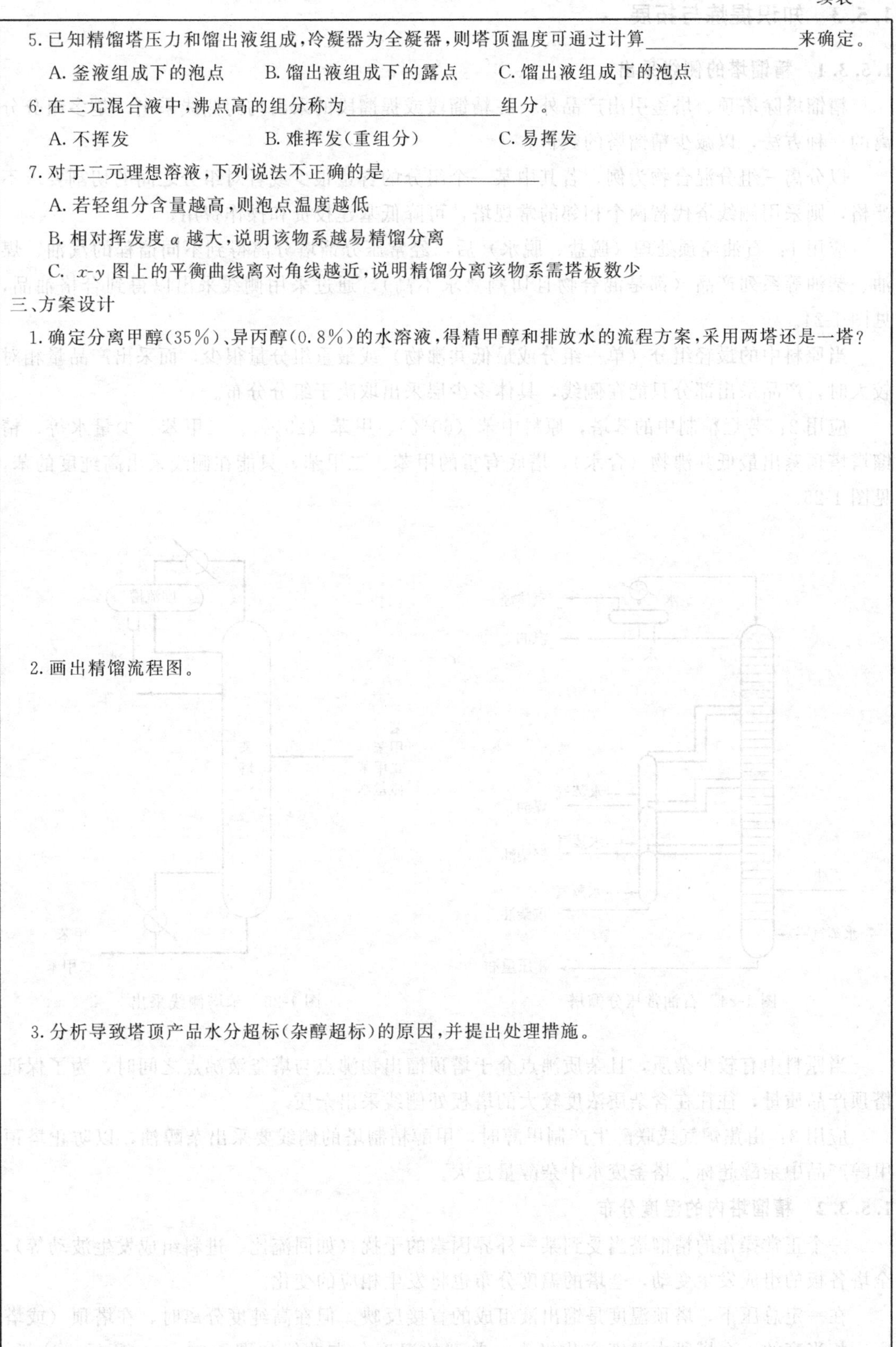

2. 画出精馏流程图。

3. 分析导致塔顶产品水分超标(杂醇超标)的原因，并提出处理措施。

1.5.3　知识提炼与拓展

1.5.3.1　精馏塔的侧线采出

精馏塔除塔顶、塔釜引出产品外，在精馏段或提馏段的采出均为侧线采出，是多组分分离的一种方法，以减少精馏塔的数目。

以分离三组分混合物为例，若其中某一个组分的含量很少或者对组分之间的切割要求不严格，则采用侧线塔代替两个相邻的常规塔，可降低基建投资和操作费用。

应用 1：石油经预处理（脱盐、脱水）后，经常压分馏塔分离得到不同馏程的汽油、煤油、柴油等系列产品（都是混合物且切割要求不高），通过采用侧线采出以得到合格油品，见图 1-24。

当原料中的最轻组分（单一组分或最低共沸物）或最重组分量很少，而采出产品量相对较大时，产品采出部分只能在侧线，具体多少层采出取决于组分分布。

应用 2：芳烃精制中的苯塔，原料中苯（60%）、甲苯（25%）、二甲苯、少量水等，精馏塔塔顶蒸出最低共沸物（含水），塔底有重的甲苯、二甲苯，只能在侧线采出高纯度的苯，见图 1-25。

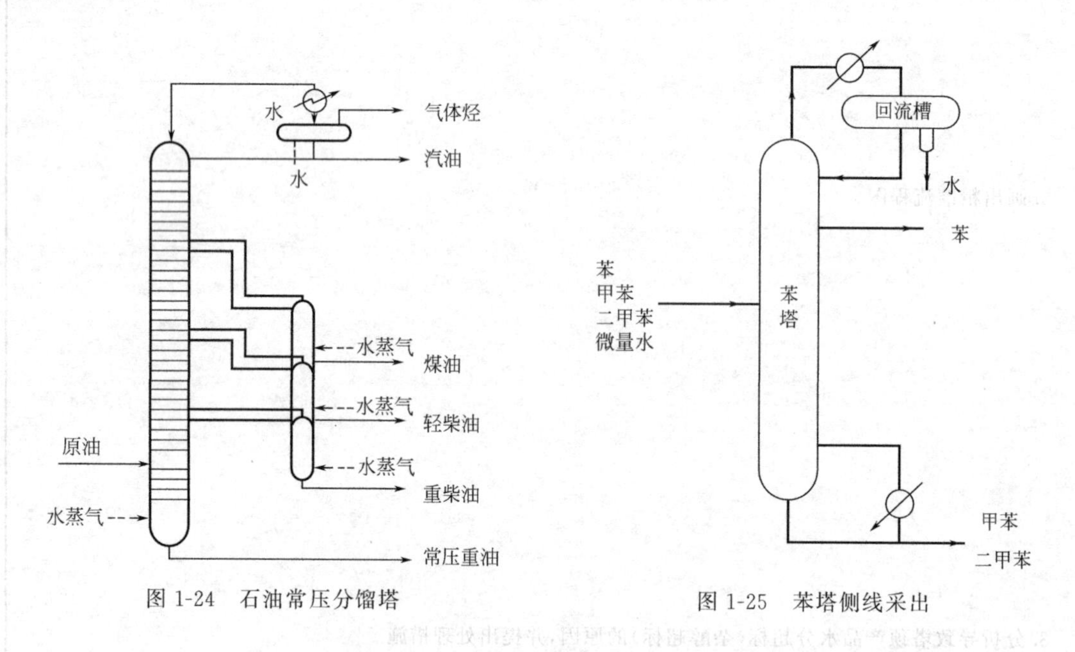

图 1-24　石油常压分馏塔　　图 1-25　苯塔侧线采出

当原料中有较少杂质，且杂质沸点介于塔顶馏出物沸点与塔釜液沸点之间时，为了保证塔顶产品质量，往往在含杂质浓度较大的塔板处侧线采出杂质。

应用 3：由焦炉气或联醇生产制甲醇时，甲醇精制塔的侧线要采出杂醇油，以防止塔顶甲醇产品中杂醇超标、塔釜废水中杂醇量过大。

1.5.3.2　精馏塔内的温度分布

一个正常操作的精馏塔当受到某一外界因素的干扰（如回流比、进料组成发生波动等），全塔各板的组成发生变动，全塔的温度分布也将发生相应的变化。

在一定总压下，塔顶温度是馏出液组成的直接反映。但在高纯度分离时，在塔顶（或塔底）相当高的一个塔段中温度变化极小，典型的温度分布曲线如图 1-26（a）所示。这样，当塔顶温度有了可觉察的变化，馏出液组成的波动早已超出允许的范围。以乙苯-苯乙烯在8kPa下减压精馏为例，当塔顶馏出液中含乙苯浓度由99.9%降至99.0%时，露点变化仅为0.7℃。可见高纯度分离时一般不能用测量塔顶温度的方法来控制馏出液的质量。

图1-26（b）也给出了一般精馏塔内的温度分布曲线。

仔细分析操作条件变动前后温度的变化，即可发现在精馏段或提馏段的某几块塔板上，温度变化量最为显著，即这些塔板的温度对外界干扰因素的反映最灵敏，故将这些塔板称之为灵敏板。将感温元件安置在灵敏板上可以较早觉察精馏操作所受到的干扰；而且灵敏板比较靠近进料口，可在塔顶馏出液组成尚未产生变化之前先感受到进料参数的变动并及时采取调节手段，以稳定馏出液的组成。

温度变化最灵敏的一块板或相邻的几块板称为灵敏板，生产上常用测量和控制灵敏板的温度来调节控制馏出液和釜残液的质量。

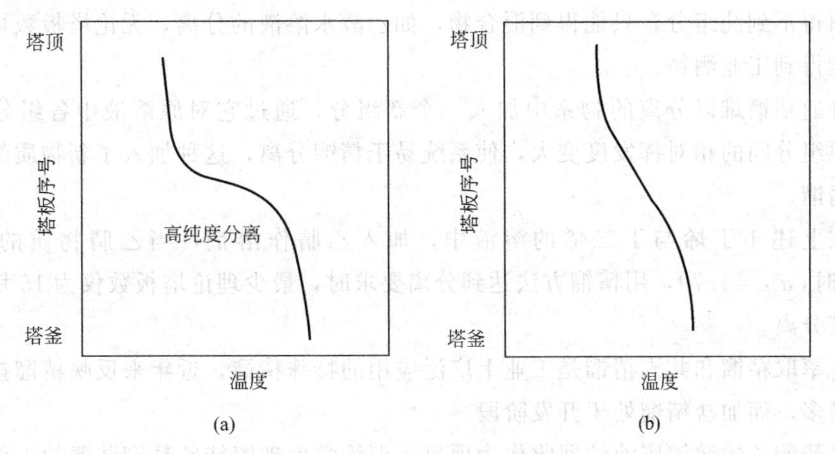

图1-26　精馏塔的温度分布

项目二　回收 PVAc 醇解废液得精甲醇和醋酸

普通精馏难以实现分离的物系有两种：一是溶液中两组分的沸点接近（$\alpha_{ik} \approx 1$），若用普通精馏将其分离，需要的塔板数很多，费用很高以至于难以实现，例如：分离1-丁烯-丁二烯（1-丁烯沸点为－6.3℃，丁二烯沸点为－4.5℃，其 $\alpha_{ik}=1.03$）各为50%的原料，若分离要求为：塔顶1-丁烯纯度（摩尔分数）99%、塔釜丁二烯纯度99%，则全回流操作时需318块理论板，实际生产中很难实现。二是被分离的组分间形成最低共沸物（$\alpha_{ik}=1$）时，在塔顶得不到纯组分，只能得到混合物，如乙醇水溶液的分离，无论塔板数再多，常压下塔顶只能得到工业酒精。

若在普通精馏难以分离的物系中加入一个新组分，通过它对原溶液中各组分的不同作用，导致原组分间的相对挥发度变大，使系统易于精馏分离，这种加入了新物质的精馏过程称为特殊精馏。

如：在上述1-丁烯与丁二烯的溶液中，加入乙腈作溶剂，当乙腈物质的量浓度为0.8mol/L时，$\alpha_{ik}=1.79$，用精馏方法达到分离要求时，最少理论塔板数仅为15块，生产中可以实现其分离。

目前，萃取精馏和共沸精馏是工业上广泛应用的特殊精馏，近年来反映精馏技术日趋成熟、应用增多，而加盐精馏处于开发阶段。

选取聚醋酸乙烯醇解废液的回收作为项目，训练学生理解特殊精馏装置的工作原理及共沸精馏、萃取精馏的工艺流程和安全操作规程，并对生产中出现的异常情况能分析处理，任务分解见下表。

项目	任务	学习场所	参考学时
醇解废液的回收	确定回收醇解废液流程方案	多媒体教室	4
	分离醋酸甲酯与甲醇共沸物	多媒体教室	4
	分解醋酸甲酯并回收醋酸	分离纯化实训室	6

2.1　确定回收醇解废液流程方案

2.1.1　目标与要求

2.1.1.1　知识目标

① 了解特殊精馏的特点及分类。

② 了解非理想溶液相平衡常数的获取途径。

③ 了解共沸精馏、萃取精馏、反应精馏原理及应用。

2.1.1.2　能力目标

① 根据原料液组成和分离要求，选择合适的分离方法。

② 能复述共沸精馏、萃取精馏、反应精馏的原理。

③ 确定醇解废液的回收方案。

④ 画出流程示意图。

2.1.1.3　学生工作页

<table>
<tr><td colspan="2">姓名：</td><td colspan="2">班级：</td><td colspan="2">组别：</td><td colspan="2">指导教师：</td></tr>
<tr><td>课程名称</td><td colspan="7">精细化学品分离纯化技术</td></tr>
<tr><td>项目名称</td><td colspan="7">醇解废液的回收</td></tr>
<tr><td>任务名称</td><td colspan="5">2.1确定回收醇解废液流程方案</td><td>工作时间</td><td>4学时</td></tr>
<tr><td>任务描述</td><td colspan="7">在聚醋酸乙烯醇解制备聚乙烯醇的过程中，产生大量的醇解废液，若不回收处理，聚乙烯醇成本会很高，且排放会污染环境。已知醇解废液组成：甲醇 74.5%，醋酸甲酯 18.5%，醋酸钠 2.0%，少量水等，通过回收处理，得精制甲醇和醋酸、醋酸钠晶体。确定分离方法和流程方案</td></tr>
<tr><td>工作内容</td><td colspan="7">(1)收集相关组分的物性数据(沸点、共沸物组成及共沸温度等)；
(2)确定醇解废液采用的分离方法；
(3)确定醋酸甲酯、甲醇共沸物的分离方法；
(4)了解反应精馏法水解醋酸甲酯；
(5)画出分离过程流程示意图</td></tr>
<tr><td rowspan="6">项目实施</td><td rowspan="3">查阅资料</td><td colspan="3">《分离过程》等</td><td colspan="3">特殊精馏原理及应用</td></tr>
<tr><td colspan="3">《化学工程手册》等</td><td colspan="3">组分物性数据</td></tr>
<tr><td colspan="3">网络资源、其他</td><td colspan="3"></td></tr>
<tr><td>教师指导要点</td><td colspan="6">(1)醇解废液来源及回收意义；
(2)萃取精馏原理、萃取剂的选择、萃取精馏流程；
(3)精馏反应原理及应用；
(4)共沸精馏原理、流程；
(5)相关概念(非理想溶液、共沸物等)</td></tr>
<tr><td>学生工作</td><td colspan="6">(1)了解共沸精馏、萃取精馏、反应精馏原理及流程；
(2)确定分离方法；
(3)确定流程方案；
(4)画出分离醇解废液的流程示意图；(标出精馏塔的作用及各塔塔顶和塔釜组分)</td></tr>
<tr><td>评议优化</td><td colspan="6">(1)以小组为单位，讨论评议提交方案及流程图，形成小组成果图；
(2)小组间评议，疑问提交教师；
(3)教师引导学生查阅企业相关资料，逐步完善流程方案，学生将工作结果填入学生成果表</td></tr>
<tr><td>学习心得</td><td colspan="7"></td></tr>
<tr><td>评价</td><td>考评成绩</td><td colspan="2"></td><td>教师签字</td><td></td><td>日期</td><td></td></tr>
</table>

2.1.1.4 学生成果展示表

姓名：	班级：	组别：	成果评价：

一、填空

1.常压下普通精馏分离乙醇水溶液时，由于乙醇能与水形成______，在塔顶只能得到______（工业酒精、纯酒精），即使塔板数为无穷多。

2.共沸物中各组分间的相对挥发度______（大于、小于、等于）1，普通精馏______将其分离，若在该共沸物中加入一新组分，通过它对原溶液中各组分的不同作用，使原组分间的相对挥发度变大，这种精馏称为______。如果新组分和物系中的至少一个组分形成最低共沸物，从______蒸出，塔釜可能得到______组分，该精馏也称______。而萃取精馏所加入的新组分沸点______，随釜液排出，塔顶可得______组分。

3.醋酸甲酯在催化剂的作用下，可发生水解反应，得到醋酸和______，由于醋酸对金属的腐蚀性______，先反应再分离的工艺缺点明显（工艺流程长、设备多、防腐要求高、转化率不高、酸催化剂的分离），目前已淘汰，现多采用______法，即在精馏塔______段进行醋酸甲酯的水解反应（装填______进行化学反应的一段也称______段），再利用精馏段和提馏段的分离作用，可不断移出______，有效______该反应的平衡转化率。

4.共沸物是指在一定压力下，气液相组成与______都恒定不变的液体混合物，由于沸腾时产生的蒸气与液体本身有着______的组成，共沸物不能通过普通精馏加以分离。产生共沸物是由于溶液对______有偏差所致，但只有偏差较______的非理想溶液才会形成共沸物。若溶液上方的蒸气压低于理想溶液时的蒸气压，则形成最______共沸物。若溶液上方的蒸气压高于理想溶液时的蒸气压，则形成最______共沸物。

5.一般当溶液中两个组分的沸点______，而组分的______不相似时容易形成共沸物；当两组分的沸点差______30℃时，一般较难形成共沸物（如甲醇-水物系）。

二、完成分离醇解废液的流程方案

1.各组分沸点（常压下）

甲醇：______

乙醛：______

水：______

醋酸甲酯：______

2.用精馏塔分离醇解废液，在塔顶会得到______，常压下组成为______，塔釜则会得到______。若在该塔回流液中补加一定量的工艺水，则馏出液中甲醇的组成会______，原因是______。

续表

3.醋酸甲酯水解反应方程式：______________________________

4.提高该反应平衡转化率的方法有：①______________________________；②______________________________。

5.在醇解废液的回收过程中，有______________共沸物可使用共沸精馏使其分离；______________共沸物可使用萃取精馏使其分离，溶剂可选用______________。

6.简述醋酸的浓度与腐蚀性的关系，对设备材质的要求。

7.分离醇解废液的工艺流程示意图（方框图即可）。

三、简答

1.简述聚乙烯醇的应用。

2.写出聚醋酸乙烯醇解制聚乙烯醇的化学反应方程式，分析醇解废液的组分有哪些？

自我评价任务完成情况	

2.1.2 知识提炼与拓展

2.1.2.1 特殊精馏的分类

特殊精馏是既加入物质分离剂又加入能量分离剂的精馏过程。

若加入的新组分和被分离系统中的至少一个组分形成最低共沸物，从塔顶蒸出，这种特殊精馏被称为共（恒）沸精馏，加入的新组分叫做共沸剂、夹带剂或溶剂。

若新组分不与原系统的任一组分形成共沸物，其沸点较原有组分的沸点都高，随釜液排出，该特殊精馏被称为萃取精馏，加入的新组分叫做萃取剂或溶剂。

绝大多数含水有机物质，尤其具有共沸性质的含水有机溶液，当加入第三组分盐后，可以增加有机物质的相对挥发度。这种利用盐效应实现强化的精馏过程被称为加盐精馏。

共沸精馏、萃取精馏、加盐精馏均是采用物理的方法改变原有组分间的相对挥发度，而反应精馏是一种集反应与精馏为一体的特殊精馏类型，它能显著提高某些可逆反应的收率。

2.1.2.2 非理想溶液的相平衡

2.1.2.2.1 相平衡常数

工业上共沸精馏和萃取精馏通常是在低压下操作，而且所处理的都是多组分非理想溶液，在此条件下，物系的气相可视为理想气体，符合道尔顿分压定律：

$$p_i = p y_i \tag{2-1}$$

液相为非理想溶液，若沿用拉乌尔定律，可用活度系数修正，即：

$$p_i = p_i^\circ x_i \gamma_i \tag{2-2}$$

式中，γ_i 为组分 i 的活度系数。

当达到气-液平衡时，
$$p y_i = p_i^\circ x_i \gamma_i$$

$$K_i = \frac{y_i}{x_i} = \frac{p_i^\circ \gamma_i}{p} \tag{2-3}$$

式中，若 $\gamma_i > 1$，表明系统对拉乌尔定律有正偏差；若 $\gamma_i < 1$，系统为负偏差溶液；若 $\gamma_i = 1$，则系统为理想溶液。

活度系数主要受组成的影响，因此，非理想溶液的相平衡常数是温度、压力、组成的函数。

非理想溶液的气-液平衡关系也可用相对挥发度表示，即：

$$\alpha_{ij} = \frac{K_i}{K_j} = \frac{p_i^\circ \gamma_i}{p_j^\circ \gamma_j} \tag{2-4}$$

式中，i，j 指任意两个组分。

显然，非理想溶液的气-液相平衡关系计算的关键是求取活度系数。目前，双组分溶液活度系数可通过实验测定或公式求得，对于多组分溶液的活度系数多由公式估算。

2.1.2.2.2 双组分溶液活度系数的计算

工程上应用较多的是范拉尔方程，它关联了活度系数与组成之间的关系，即：

$$\lg\gamma_1 = \frac{A_{12}}{\left(1 + \frac{A_{12} x_1}{A_{21} x_2}\right)^2} \tag{2-5a}$$

$$\lg\gamma_2=\frac{A_{21}}{\left(1+\frac{A_{21}x_2}{A_{12}x_1}\right)^2} \tag{2-5b}$$

式中　γ_1，γ_2——组分 1、组分 2 的活度系数；

x_1，x_2——组分 1、组分 2 的液相摩尔分数；

A_{12}，A_{21}——系统端值常数。

A_{12} 及 A_{21} 的大小反映溶液偏离理想溶液的程度；A_{12} 及 A_{21} 符号为正值，溶液是正偏差，符号为负值，溶液是负偏差。不同系统其端值常数不一样。适用范围是：溶液无限稀释时的活度系数不大于 20，两个端值常数之比又小于 2。

计算双组分非理想溶液的活度系数的方程还有马格勒斯（Margules）方程、威尔逊方程等。

2.1.2.2.3　三组分溶液活度系数的计算

三组分物系活度系数计算更加复杂，估算公式很多，常用马格勒斯方程（不再介绍）和柯岗方程。

柯岗方程给出了活度系数之比与组成的关系，计算相对挥发度更为方便。柯岗公式为：

$$\lg\frac{\gamma_1}{\gamma_2}=A'_{12}(x_2-x_1)+x_3(A'_{13}-A'_{23}) \tag{2-6}$$

式中，A'_{12}、A'_{23}、A'_{13} 为系统端值常数的算数平均值，即：

$$A'_{12}=\frac{1}{2}(A_{12}+A_{21})$$

2.1.2.3　反应精馏

2.1.2.3.1　反应精馏的应用

反应精馏适用于某些可逆反应，当反应产物的相对挥发度大于或小于反应物时，由于精馏作用，产物离开反应区，从而破坏了原有的化学平衡，使反应向生成产物的方向移动，提高了转化率。应用反应精馏技术，在一定程度上变可逆反应为不可逆，而且可得到很纯的产物。

反应精馏广泛用于酯化、酯交换、胺化、水解、异构化、脱水、乙酰化等可逆反应。

(1) 利用精馏促进反应

将催化剂填充于精馏塔中，它既起加速反应的催化作用，又作为填料起分离作用，属于非均相催化反应精馏，相比固定床反应器而言，采用催化精馏能够显著提高平衡转化率；且精馏作用能移出物系中较重的污染物，使催化剂保持清洁和表面更新，保持了催化剂的活性。催化剂是催化精馏过程的核心，目前专用催化剂有分子筛和离子交换树脂等。

催化精馏塔由精馏段、提馏段和反应段组成，其中精馏段和提馏段与一般精馏塔无异，可以用填料和塔板。反应段催化剂的装填是催化反应精馏技术的关键。

(2) 利用反应促进精馏

化工生产中，利用异构体与反应添加剂之间反应能力的差异，通过反应精馏可实现异构体（其沸点接近）的分离。如 C_8 芳烃、二氯苯混合物、硝化甲苯等异构体。

反应精馏分离异构体的过程在双塔中完成，加入反应添加剂到 1 塔中，使之选择性地与异构体之一优先发生可逆反应生成难挥发产物，反应产物和反应添加剂从塔釜出料进入 2 塔，在该塔中反应产物发生逆反应，并通过精馏作用，塔顶采出异构体，塔釜出料为反应添加剂，再循环至 1 塔。实现该类反应精馏过程的基本条件是：

① 反应是快速和可逆的，反应产物仅仅存在于塔内，不污染分离后产品；

② 添加剂必须只与异构体之一反应；

③ 添加剂、异构体和反应产物的沸点之间的关系符合精馏要求。

如使用有机的钠金属反应添加剂分离对二甲苯和间二甲苯，反应添加剂优先与间二甲苯反应，使对二甲苯从塔顶馏出。目前该技术工业应用较少。

2.1.2.3.2 反应精馏流程

反应精馏塔内不同区域的作用有别于一般精馏塔，进料位置取决于系统的反应和气-液平衡性质，决定了塔内精馏段、反应段和提馏段的相互关系，对塔内浓度分布有强烈的影响。

确定反应精馏进料位置的原则是：

① 保证反应物与催化剂充分接触；

② 保证一定的反应停留时间；

③ 保证达到预期的产物的分离。

对于反应：

$$A+B \longrightarrow C+D$$

根据反应物、产物的相对挥发度关系，精馏流程有以下两种：

① 若反应物的挥发度介于两产物之间，即 $\alpha_C>\alpha_A>\alpha_B>\alpha_D$，则组分 B 在塔上部进料，A 在塔下部进料，B 进料口以上称精馏段；A、B 进料口之间为反应段；A 进料口以下为提馏段［见图 2-1（a）］。

② 若相对挥发度顺序为 $\alpha_A>\alpha_B>\alpha_C>\alpha_D$，组分 B 在塔顶进料，组分 A 在塔下部进料［见图 2-1（b）］。

对于催化精馏塔，催化剂填充段应放在反应物含量最大的区域，构成反应段。

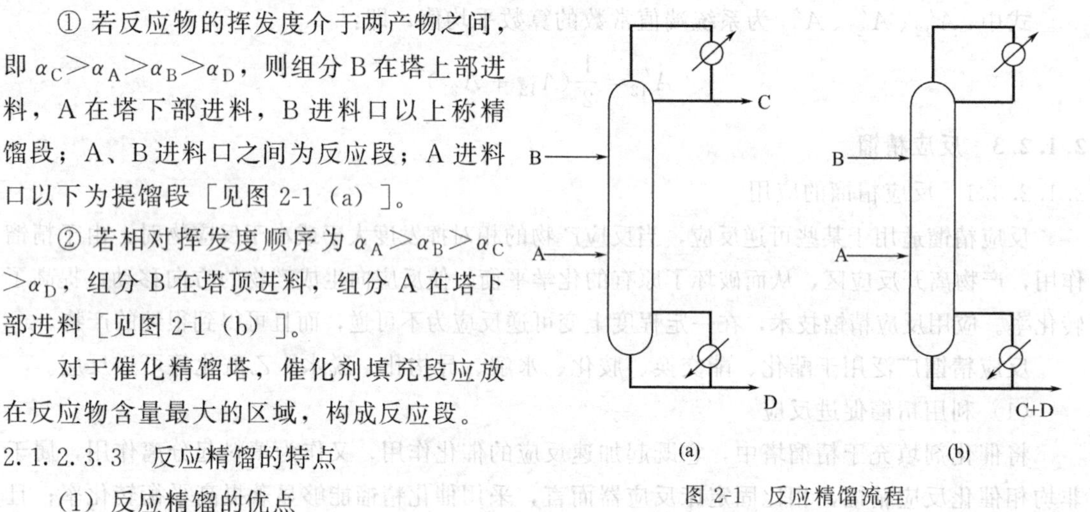

图 2-1 反应精馏流程

2.1.2.3.3 反应精馏的特点

(1) 反应精馏的优点

① 转化率高、选择性高、生产能力高。由于反应产物不断移出反应区，使可逆反应平衡移动，提高了转化率。而反应产物一旦移出反应区，即可抑制连串副反应，提高收率。

② 产品纯度高。

③ 能耗低。反应放热可直接用于精馏，降低了精馏能耗，即使是吸热反应，因反应和精馏在同一塔内进行，集中供热也比分别供热节能。

④ 投资省。由于将反应器和精馏塔合二为一，节省设备投资，简化流程。

(2) 反应精馏的局限性

① 当催化剂的活性温度超过物质的临界点（物质无法液化）时，不能用反应精馏。

②当所有产物的相对挥发度介于反应物的相对挥发度之间，或反应物和产物的相对挥发度接近时，这两类可逆反应不具备反应精馏的条件。

2.2　分离醋酸甲酯与甲醇共沸物

2.2.1　目标与要求

2.2.1.1　知识目标

① 掌握萃取精馏基本流程。

② 熟悉萃取精馏原理及影响因素。

③ 了解萃取剂用量的确定方法。

④ 熟悉萃取精馏塔与普通精馏塔的操作差异。

2.2.1.2　能力目标

① 能绘制分离醋酸甲酯（丙酮）-甲醇共沸物的精馏流程图。

② 能分析萃取精馏过程中的一般故障并进行处理，如：导致塔顶产品不合格的原因及处理措施。

③ 能理解萃取精馏与普通精馏的开车差异。

2.2.1.3　学生工作页

<table>
<tr><td colspan="2">姓名：</td><td colspan="2">班级：</td><td colspan="2">组别：</td><td colspan="2">指导教师：</td></tr>
<tr><td>课程名称</td><td colspan="7">精细化学品分离纯化技术</td></tr>
<tr><td>项目名称</td><td colspan="7">醇解废液的回收</td></tr>
<tr><td>任务名称</td><td colspan="5">2.2分离醋酸甲酯与甲醇共沸物</td><td>工作时间</td><td>4学时</td></tr>
<tr><td>任务描述</td><td colspan="7">选取合适的溶剂，确定精馏流程，实现醋酸甲酯与甲醇共沸物的分离</td></tr>
<tr><td>工作内容</td><td colspan="7">(1)根据组分的极性大小选择合适的溶剂；
(2)画出精馏工艺流程图，确定溶剂加入位置；
(3)异常分析及处理</td></tr>
<tr><td rowspan="6">项目实施</td><td rowspan="3">查阅资料</td><td colspan="3">《化工分离技术》</td><td colspan="3">萃取精馏原理及流程组织</td></tr>
<tr><td colspan="3">企业材料</td><td colspan="3">萃取精馏控制流程图及操作规程</td></tr>
<tr><td colspan="3">网络资源</td><td colspan="3">开车操作规程</td></tr>
<tr><td>教师指导要点</td><td colspan="6">(1)萃取精馏原理与基本流程；
(2)萃取剂的选择及加入位置；
(3)影响萃取精馏产品质量的因素及参数控制；
(4)萃取精馏与普通精馏的区别</td></tr>
<tr><td>学生工作</td><td colspan="6">(1)选择合适溶剂，规范绘制分离共沸物的萃取精馏流程图；
(2)确定萃取精馏塔的参数控制方案；
(3)分析塔顶产品不合格的原因及处理措施；
(4)理解与普通精馏的开车差异</td></tr>
<tr><td>评议优化</td><td colspan="6">(1)组内成员互相讨论，分析不合理之处，组内完善；
(2)组间交流评议，疑惑提交教师，教师引导学生完成任务</td></tr>
<tr><td>学习心得</td><td colspan="7"></td></tr>
<tr><td>评价</td><td>考评成绩</td><td></td><td colspan="2">教师签字</td><td></td><td colspan="2">日期</td></tr>
</table>

2.2.1.4 学生成果展示表

姓名：	班级：	组别：	成果评价：
一、用水作溶剂，分离醋酸甲酯和甲醇共沸物 1. 画出精馏工艺流程图，进料状态为饱和蒸汽，注明精馏塔塔顶、塔釜采出何物。 2. 添加萃取精馏塔的典型工艺参数的控制方案。 3. 尝试写出萃取精馏塔的开车步骤。 4. 问题分析及处理 ① 溶剂用量过大有何影响？ ② 溶剂用量不足有何影响？ ③ 导致塔顶产品甲醇超标的因素有哪些？ ④ 若塔顶产品中允许有少量水存在，则合适的溶剂加入位置在哪里？ 二、选择题 1. 萃取精馏操作需严格控制溶剂的进塔温度，以下说法不正确的是________。 A. 溶剂的进塔温度偏低时，造成塔的内回流过大 B. 溶剂的流量远远小于所处理的原料量 C. 溶剂的进塔温度偏高时，会造成溶剂在塔顶馏分中的流失；重关键组分在塔顶馏分中的含量增高 2. 萃取精馏塔的塔顶产品不合格（重关键组分高）的原因，可能是________。 A. 溶剂或入塔原料的进塔温度过高 B. 溶剂的恒定浓度 X_S 足够 C. 原料中重关键组分含量高了，而加料口位置偏高			

2.2.2　知识提炼与拓展

萃取精馏主要用于分离组分间的相对挥发度接近或等于1的混合物，是在难以分离的原溶液中加入沸点比各分离组分都高很多的第三组分——溶剂，萃取剂不和原物系中任一组分形成共沸物，却能显著改变原组分间的相对挥发度，最终随釜液排出，塔顶采出纯组分。

例如，在常压下苯的沸点为80.1℃，环己烷的沸点为80.7℃，若在苯-环己烷溶液中加入溶剂糠醛，则溶液的相对挥发度发生显著的变化，且相对挥发度随溶剂量加大而增高，如表2-1所示，萃取精馏在工业上已经广泛应用，表2-2列举了一些工业应用实例。

表2-1　苯-环己烷共沸物加入糠醛后相对挥发度的变化

溶液中糠醛的摩尔分数	0	0.2	0.4	0.5	0.6	0.7
相对挥发度	1.0	1.38	1.86	2.07	2.36	2.70

表2-2　萃取精馏的工业应用

进料中的关键组分	溶剂	进料中的关键组分	溶剂
丙酮-甲醇	苯胺,乙二醇,水	异丁烷-1-丁烯	糠醛
苯-环己烷	苯胺	异丙苯-苯酚	磷酸酯
醋酸甲酯-甲醇	水	甲醇-二溴甲烷	1,2-二溴乙烷
丁二烯-1-丁烯	糠醛	乙醇-水	甘油,乙二醇
丁烷-丁烯	丙酮	环己烷-庚烷	苯胺,苯酚

2.2.2.1　萃取精馏的基本原理

2.2.2.1.1　基本原理

在难分离的物系中加入溶剂S，由于它与原有组分的作用力不同，使原组分之间的相对挥发度增大。下面以组分1、组分2和溶剂S所组成的三组分溶液为例进行讨论。

由柯岗方程：

$$\lg\left(\frac{\gamma_1}{\gamma_2}\right)_S = A'_{12}(x_2 - x_1) + x_S(A'_{1S} - A'_{2S})$$

和非理想溶液的相对挥发度与活度系数关系式：

$$\alpha_{12} = \frac{p_1^\circ \gamma_1}{p_2^\circ \gamma_2}$$

推导出：

$$\lg\frac{(\alpha_{12})_S}{\alpha_{12}} = x_S[A'_{1S} - A'_{2S} - A'_{12}(1 - 2x'_1)] \tag{2-7}$$

式中　x_1, x_2, x_S——组分1，组分2，溶剂S在液相中的物质的量浓度；

$A'_{12}, A'_{2S}, A'_{1S}$——物系中相应二元系统端值常数的平均值；

x'_1——组分1的脱溶剂浓度（或相对浓度），$x'_1 = \frac{x_1}{x_1 + x_2}$；

α_{12}——无溶剂时，组分1对组分2的相对挥发度；

$(\alpha_{12})_S$——有溶剂S时，组分1对组分2的相对挥发度；

$\frac{(\alpha_{12})_S}{\alpha_{12}}$——溶剂的选择性，它是衡量溶剂效果的一个重要标志，比1大得越多，选择性就越好，越有利于分离。

由式(2-7)可以看出，原溶液加入溶剂后，溶剂的选择性不仅决定于溶剂的性质和浓度，也和原溶液的性质及浓度有关。

要使溶剂在任何 x'_1 值时均能增大原组分间的相对挥发度，就必须使：

$$A'_{1S}-A'_{2S}-|A'_{12}|>0 \tag{2-8}$$

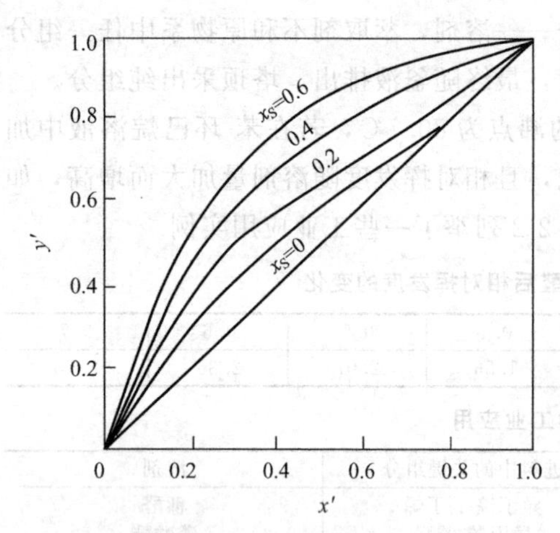

图 2-2 不同水浓度下丙酮和甲醇的平衡曲线

要满足式(2-8)，必须 $A'_{1S}-A'_{2S}$ 大于 0，也就是说，所选的溶剂 S 应与组分 1（塔顶组分）形成具有正偏差（$A'_{1S}>0$）溶液，且正偏差越大越好，即作用力越小越好；而溶剂 S 与组分 2（塔釜组分）应形成负偏差溶液（$A'_{2S}<0$，相互间作用力大）或形成理想溶液（$A'_{2S}=0$，相互间无作用力），但不希望形成正偏差溶液。

从式(2-7) 也可看出，在 x'_1 值一定时，溶剂的浓度 x_S 越大，使相对挥发度改变的程度也越大（见图 2-2），对分离越有利。工业上一般取 $x_S=0.6\sim0.8$，以避免设备投资及操作费用过高。

萃取精馏时，分离效果与溶剂的选择关系很大。

2.2.2.1.2 萃取精馏对溶剂的要求

① 选择性要大。

② 沸点要足够高，以避免与系统中任何组分形成共沸物。

③ 溶剂与被分离物系有较大的相互溶解度。

④ 溶剂在操作中是热稳定的；不与被分离组分起化学反应，与原组分易分离。

⑤ 无毒、不腐蚀、价廉易得。

2.2.2.1.3 溶剂的选择

在选择溶剂时，应使原有组分的相对挥发度按所希望的方向改变，并有尽可能大的选择性。

考虑被分离组分的极性有助于溶剂的选择。常见的有机化合物按极性增加的顺序排列为：烃、醚、醛、酮、酯、醇、二醇、(水)。选择在极性上更接近于重关键组分的化合物作溶剂，能有效地减小重关键组分的挥发度。例如，分离甲醇（沸点 64.7℃）和丙酮（沸点 65.5℃）的共沸物。若选烃为溶剂，则塔顶蒸出甲醇；若选水为溶剂，则塔顶蒸出丙酮。

2.2.2.2 萃取精馏的工艺流程

2.2.2.2.1 精馏流程

典型的萃取精馏流程如图 2-3 所示。A、B 两组分混合物进入塔 1，同时向塔内加入溶剂 S（极性接近 B），以降低组分 B 的挥发度，而使组分 A 变得易挥发。溶剂的沸点比被分离组分高，为了使塔内维持较高的溶剂浓度，溶剂加入口一定要位于进料板之上，但需要与塔顶保持有若干块塔板，起回收溶剂的作用，这一段称溶剂回收段。在该塔顶得到组分 A，而组分 B 与溶剂 S 由塔釜流出，进入塔 2，

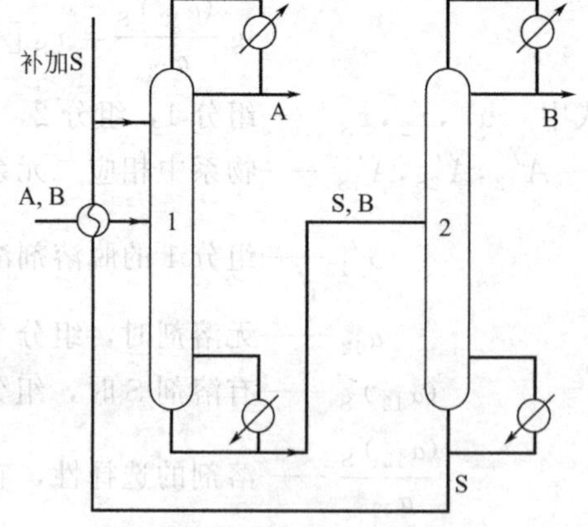

图 2-3 萃取精馏流程

1—萃取精馏塔；2—溶剂回收塔

从该塔顶蒸出组分 B，溶剂从塔釜排出，经与原料换热和进一步冷却，循环至塔 1。

由于溶剂有少量损失，可定期补充。当原料以饱和蒸汽（$q=0$）进料时，精馏段和提馏段内下降的液体量相同，($L=\overline{L}$)，溶剂的加入位置在塔的上部就可保证塔内自上而下的溶剂浓度维持一致。

当原料中有液相时，精馏段和提馏段内下降的液体量不同（$L\neq\overline{L}$），为保证塔内自上而下的溶剂浓度保持一致，溶剂的加入位置应有两处：即在塔的上部和原料进料处各加入一部分。

在实际生产中，常采用饱和蒸汽进料。

实例：以水作溶剂分离丙酮和甲醇的共沸物，在萃取精馏塔顶部得丙酮、釜液采出甲醇的水溶液，在溶剂回收塔塔顶可得精制甲醇。

2.2.2.2.2 萃取剂用量的确定

在萃取精馏时，由于溶剂的沸点高（挥发度比所处理物料的挥发度低得多），为了使溶剂在每块塔板上都能起作用，溶剂就必须从塔的顶部加入，又因为其用量较之欲分离组分大得多，故它在各塔板上基本维持一个固定的浓度值——恒定浓度记为 x_S，x_S 由所用溶剂及技术、经济等因素来决定。由选定的 x_S 值，进一步物料衡算可求出溶剂的用量。

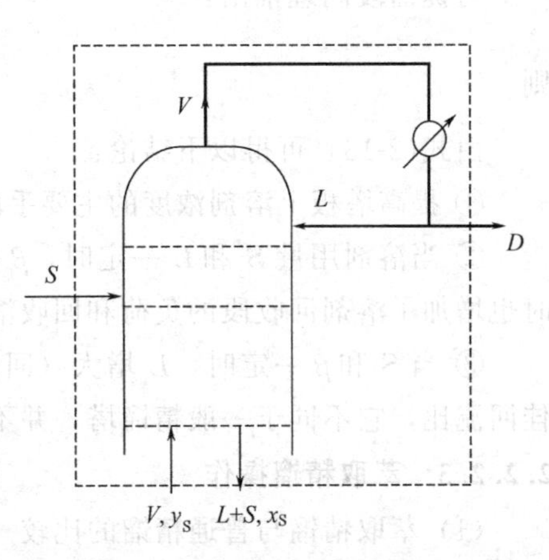

图 2-4 萃取精馏塔精馏段衡算示意图

假定塔内为恒摩尔流，塔顶蒸出的溶剂可忽略，溶剂在塔内各板上维持恒定浓度，对精馏段作物料衡算（衡算范围示意见图 2-4）得：

$$S+V=(L+S)+D$$

对溶剂而言：
$$S+Vy_S=(L+S)\times x_S+D\times 0 \tag{2-9}$$

又 $V=L+D$，代入上式得：
$$S+(L+D)y_S=(L+S)x_S$$

由上式推出：
$$y_S=\frac{(L+S)x_S-S}{L+D} \tag{2-10}$$

式中 x_S——液相溶剂的恒定浓度，%（摩尔分数）；
y_S——汽相溶剂的浓度，%（摩尔分数）；
L——精馏段的回流液量(不包括溶剂在内)，kmol/h；
V——精馏段上升蒸汽量，kmol/h；
D——塔顶馏出液量(不包括溶剂在内)，kmol/h；
S——溶剂加入量，kmol/h。

溶剂对被分离组分的相对挥发度 β 为：

$$\beta=\frac{y_S/x_S}{(1-y_S)/(1-x_S)}=\frac{y_S}{1-y_S}\times\frac{1-x_S}{x_S} \tag{2-11}$$

变形得
$$y_S=\frac{\beta\times x_S}{(\beta-1)x_S+1} \tag{2-12}$$

联立式(2-10) 和式(2-12) 得：

$$x_S=\frac{S}{(1-\beta)(L+S)-\dfrac{\beta D}{1-x_S}} \tag{2-13}$$

上式表示精馏段的溶剂浓度与溶剂的加入量 S，溶剂对非溶剂的相对挥发度 β，以及塔板间液相流量之间的关系，只要选择好溶剂，并确定其 x_S 值后就可根据上式计算溶剂用量。一般情况下，β 值很小，故粗算时可略去分母中第二项。

对精馏段
$$S=(L+S)x_S \tag{2-14}$$

则
$$S=\frac{L\times x_S}{1-x_S}$$

对提馏段同理推出：
$$S=(\overline{L}+S)\overline{x}_S$$

则
$$S=\frac{\overline{L}\times x_S}{1-x_S}$$

由式(2-13) 可得以下结论：

① 提高塔板上溶剂浓度的主要手段是增大溶剂用量；

② 当溶剂用量 S 和 L 一定时，β 值越大，x_S 也越大，有利于原溶液组分的分离，但同时也增加了溶剂回收段的负荷和回收溶剂的难度；

③ 当 S 和 β 一定时，L 增大（回流比增大）时，x_S 值反而减小，因此萃取精馏有一最佳回流比，它不同于一般精馏塔，并不是增大回流比对分离就一定有利。

2.2.2.3 萃取精馏操作

(1) 萃取精馏与普通精馏的比较

① 由于使用了大量高沸点的溶剂，使萃取精馏塔内下降的液体量远远大于上升蒸汽量，造成板上气液接触不佳，塔板效率低，仅为普通精馏塔的1/2左右。

② 在萃取精馏过程中，要严格控制回流比，不能任意调节。若塔顶产品出现不合格时，可采取以下两种措施：一是加大溶剂用量；二是在溶剂用量不变时，减小进料量和馏出液量。

③ 萃取精馏塔的塔顶、塔釜温度变化明显，因为在塔顶回收段，溶剂含量迅速下降，使温度急降。塔釜处溶剂的浓度较高，温度可能急剧上升。在溶剂的恒定浓度区温度变化不大，如丁二烯萃取精馏塔的温度分布（以乙腈作溶剂，萃取精馏分离 1-丁烯和丁二烯），如图 2-5 所示，从溶剂入塔口（$n=133$）到塔釜灵敏板（$n=3$）之间的共计 130 块板的温度无大变化，而塔顶和塔釜的温度变化却较大。

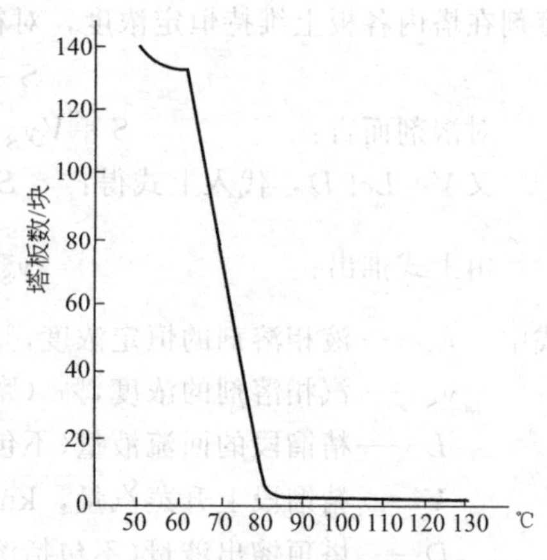

图 2-5 丁二烯萃取精馏塔温度分布

(2) 萃取精馏塔与一般精馏塔开车的区别

萃取精馏塔在开车时，首先在不加料的情况下进行溶剂的循环和按工艺指标进行升温，当溶剂按正常工艺流程建立循环后，方可加料。

(3) 萃取精馏时严格控制溶剂进塔温度的原因

在萃取精馏操作中，由于溶剂的流量远大于所处理的原料量，故溶剂的显热在全塔的热平衡中占有很大的比例。溶剂的进塔温度稍有变化，就会引起全塔温度、压力的变化，所以，为稳定操作就必须严格控制溶剂的进塔温度。

当溶剂的进塔温度偏高时，会造成：溶剂在塔顶馏分中的流失；重关键组分在塔顶馏分中的含量增高；同时会引起塔压的急剧上升。

当溶剂的进塔温度偏低时，最大的影响是造成塔的内回流过大（冷的溶剂进塔后相当于增加了流动的“内冷凝器”），严重时会引起液泛，若塔釜的加热蒸汽量不足，还会导致釜温下降，塔釜产品不合格。

（4）萃取精馏塔的塔顶产品不合格（重关键组分高）的原因及处理措施

① 溶剂含较多杂质，会引起溶剂的选择性下降。

处理措施：更换合格溶剂。

② 溶剂的恒定浓度 x_S 不够，造成溶剂的选择性下降。

处理措施：增加溶剂流量。

③ 溶剂的进塔温度过高，使全塔的恒定浓度区的温度都升高。

处理措施：降低溶剂的进塔温度。

④ 入塔原料的温度过高。

处理措施：降低原料的进塔温度。

⑤ 原料中重关键组分含量高，而加料口位置偏高。

处理措施：将加料口下移。

⑥ 塔釜温度过高。

处理措施：降低塔釜温度。

⑦ 塔顶采出过大，使系统的压力偏低。

处理措施：减少塔顶采出。

⑧ 溶剂回收塔的蒸出不完全，由于循环溶剂中夹带重关键组分而加到萃取精馏塔的上部，造成馏出液不合格。

处理措施：提高溶剂回收塔的釜温。

（5）塔釜产品不合格（以丁二烯萃取精馏塔为例，扣除乙腈为基础的丁二烯浓度下降）的原因及处理措施

原因可能有：

① 溶剂本身污染严重（如阻聚剂加得过多而得不到再生，乙腈水解、炭化），使选择性下降。

② 溶剂的加料量过大，而釜温没有及时升起来。

③ 溶剂的入塔温度过低。

④ 原料中含丁二烯较少，而进料口位置偏低。

⑤ 釜温控制偏低。

⑥ 塔顶馏分采出过少，使系统压力升高。

⑦ 加热釜的列管因聚合堵塞，使升温困难。

处理措施：

① 若塔釜丁二烯的浓度下降不多时，主要手段是加大蒸汽量以提高釜温；或稍减溶剂量，适当加大塔顶的采出量。

② 若塔釜丁二烯的浓度下降较多时，则将釜液返回原料罐中，并大幅提高原料入塔量、减小溶剂的流量（以提高釜温）、加大塔顶采出量约半小时后，恢复正常进料量，溶剂的量提高到比不合格前低一些，釜温维持高限，塔顶采出量保持稍大于物料平衡值。同时，视进料位置是否偏低和溶剂入塔温度是否偏低予以调整。

③ 若加热釜升温困难，必须及时切换检修。

2.3 分解醋酸甲酯并回收醋酸

2.3.1 目标与要求

2.3.1.1 知识目标

① 理解共沸精馏原理及应用。

② 掌握共沸精馏基本流程。

③ 了解分层器结构特点及影响分层效果的因素。

④ 理解共沸剂用量与塔釜产品组成的关系。

⑤ 了解反应精馏原理及应用。

2.3.1.2 能力目标

① 会利用 t-x-y 图判断精馏塔的塔顶、塔釜产物。

② 能绘制共沸精馏（非均相共沸物）流程图。

③ 能识读共沸精馏的控制流程图。

④ 能理解共沸精馏塔的开车步骤。

⑤ 能对共沸精馏中一般故障进行分析及处理。

⑥ 对形成二元共沸物物系，能确定共沸剂的适宜用量。

2.3.1.3 学生工作表

<table>
<tr><td colspan="2">姓名：</td><td>班级：</td><td colspan="2">组别：</td><td colspan="2">指导教师：</td></tr>
<tr><td>项目名称</td><td colspan="6">醇解废液的回收</td></tr>
<tr><td>任务名称</td><td colspan="4">2.3分解醋酸甲酯并回收醋酸</td><td>工作时间</td><td>6学时</td></tr>
<tr><td>任务描述</td><td colspan="6">利用反应精馏塔分解醋酸甲酯；将得到的稀醋酸精制成98%的醋酸</td></tr>
<tr><td>工作内容</td><td colspan="6">选择溶剂并画出分离醋酸水溶液的精馏流程图；识读共沸精馏塔控制流程；能分析并处理一般问题</td></tr>
<tr><td rowspan="5">项目实施</td><td rowspan="2">查阅资料</td><td colspan="2">《化工分离技术》</td><td colspan="3">共沸精馏原理及流程组织</td></tr>
<tr><td colspan="2">企业材料</td><td colspan="3">共沸精馏控制流程及操作规程</td></tr>
<tr><td>教师指导要点</td><td colspan="5">(1)共沸精馏原理及应用场合；
(2)共沸精馏流程及主要设备；
(3)共沸剂合适用量的确定；
(4)影响共沸精馏塔产品质量的因素及参数控制</td></tr>
<tr><td>学生工作</td><td colspan="5">(1)选择合适共沸剂，规范绘制分离醋酸水溶液的精馏流程图；
(2)识读共沸精馏塔的控制流程；
(3)理解开车步骤；
(4)会确定共沸剂的适宜用量(二元共沸物)；
(5)分析并处理：共沸精馏塔塔釜产品不合格，如：①水超标；②溶剂超标</td></tr>
<tr><td>评议优化</td><td colspan="5">(1)组内成员互相讨论，分析不合理之处，组内完善；
(2)组间交流评议，疑惑提交教师，教师引导学生完成任务</td></tr>
<tr><td>学习心得</td><td colspan="6"></td></tr>
<tr><td>评价</td><td>考评成绩</td><td></td><td>教师签字</td><td></td><td>日期</td><td></td></tr>
</table>

2.3.1.4 学生成果展示

姓名：	班级：	组别：	成果评价：

一、填空

1. 对精馏操作而言，下列说法不正确的是______________。

A. 恒沸精馏适用于塔釜采出产品，而萃取精馏适用于塔顶采出产品

B. 恒沸剂的加入位置取决于其沸点高低，而萃取剂的加入位置取决于所处理物料的进料状态

C. 提高回流比可以提高轻组分在塔顶馏出液中的浓度

D. 精馏操作中，越往上塔板的温度越低、压力越小

E. 对任何可逆反应，反应精馏均可提高其平衡转化率

2. 进料为100kmol/h的混合溶液，含有A组分30%(摩尔分数，下同)和B组分70%，要求用共沸精馏分离得到纯B。若共沸剂S和A形成最低共沸物(其中含S 50%)，共沸剂适宜的加入量是______________。

A. 30 B. 50 C. 60 D. 70

若加入共沸剂的量为50kmol/h，则釜液组成是A：____________，B：____________，S：____________

3. 在共沸精馏中，若保证釜液为纯品，共沸剂用量不是____________的，加入的共沸剂应与其他组分形成最低共沸物，且都从____________蒸出。共沸剂的适宜用量可通过馏出的____________的组成、____________组成、____________组成及流量，进行物料衡算得到。共沸剂的加入量多或少了，在塔釜得到的一定是____________物。

二、画出用醋酸异丙酯作共沸剂，分离醋酸-水共沸物的精馏流程图，醋酸异丙酯和水形成共沸物，注明精馏塔塔顶、塔釜采出何物。

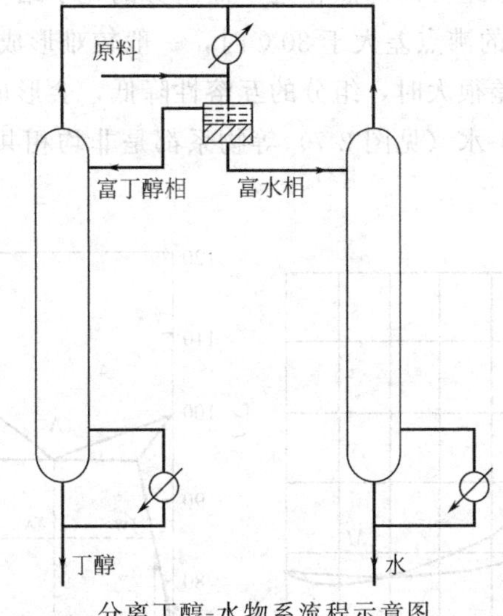

分离丁醇-水物系流程示意图

三、参照相图2-7和右图，叙述分离非均相物系的工艺流程，说明原料加入位置与原料组成的关系。

四、读图2-15，完成：

(1)叙述工艺流程。

(2)精制醋酸的采出位置(侧线、气相)。

(3)塔釜液位的控制方案。

2.3.2 知识提炼与拓展

2.3.2.1 共沸精馏原理

共沸精馏是在原溶液中加入共沸剂，使其与溶液中至少一个组分形成最低共沸物，以增大原溶液中被分离组分间的相对挥发度，共沸物从塔顶蒸出，塔底引出较纯的单一组分产品。

(1) 共沸物

对某种溶液，若在一定压力下进行气化时，平衡的气液两相组成相等，则该溶液为共沸混合物，对应温度为共沸点。

共沸物是指在一定压力下，液相组成与沸点都恒定不变的液体混合物，如常压下乙醇(1) 和水 (2) 的混合物，当 $x_1=0.90$ 时形成共沸混合物，共沸温度是 78.1℃ (见图 2-6)。由于沸腾时产生的蒸汽与液体本身有着完全相同的组成，共沸物是不可能通过普通精馏加以分离的。

产生共沸物是由于溶液对理想溶液有偏差所致，但并非所有非理想溶液都会形成共沸物，只有偏差较大的非理想溶液才会形成共沸物。共沸物又有最高共沸物和最低共沸物两种。负偏差溶液上方的蒸汽压低于理想溶液时的蒸汽压，则形成最高共沸物。正偏差溶液上方的蒸汽压高于理想溶液时的蒸汽压，则形成最低共沸物。多数共沸物为最低共沸物。

经验认为，当溶液中两个组分的沸点相近，而组分的化学结构不相似时容易形成共沸物(氯仿-甲醇物系)；当两组分的沸点差大于 30℃时，一般较难形成共沸物 (甲醇-水物系)。

当溶液与理想溶液的偏差很大时，组分的互溶性降低，会形成非均相共沸物。如苯-水、异丁醇-水、糠醛-水、正丁醇-水 (见图 2-7) 等物系都是非均相共沸物，而且均具有最低恒沸点。

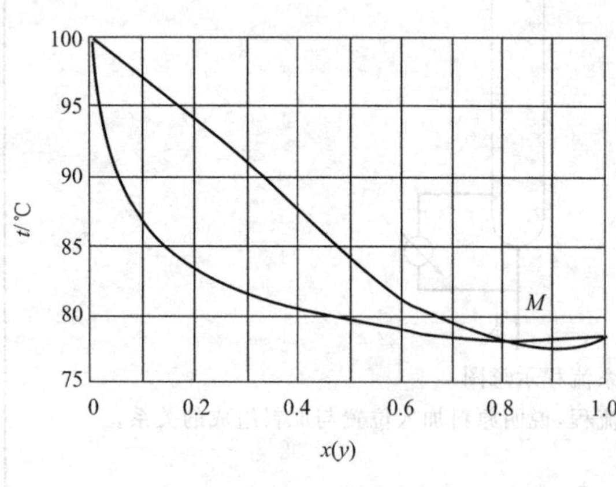

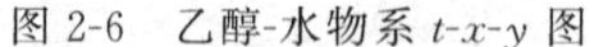
图 2-6 乙醇-水物系 t-x-y 图

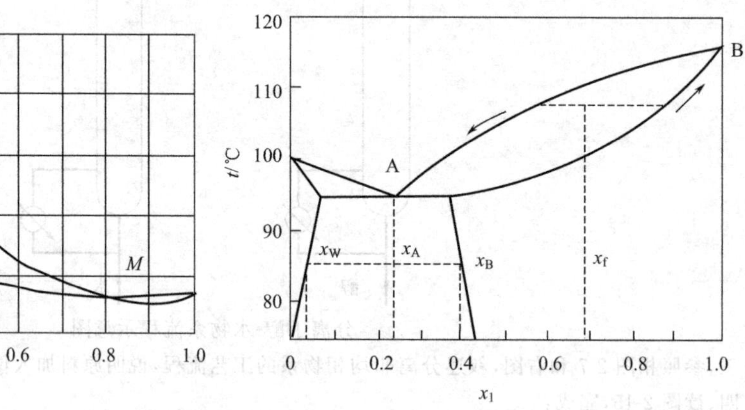

图 2-7 正丁醇-水物系 t-x-y 图

两组分若能形成共沸物，则其气液两相的平衡组成应相等，或其相对挥发度应等于 1。

若系统压力不大，当两组分形成均相共沸物时，应满足：

$$\frac{y_i}{x_i}=\frac{p_i^{\circ}\gamma_i}{p}=1 \tag{2-15}$$

或
$$\alpha_{i,j}=\frac{p_i^{\circ}\gamma_i}{p_j^{\circ}\gamma_j}=1 \tag{2-16}$$

三个组分形成共沸物的条件为　$\alpha_{1,2}=\alpha_{2,3}=\alpha_{1,3}=1$。

(2) 共沸组成与压力的关系

实验测定乙醇-水物系的共沸组成随系统压力变化的关系见表2-3。

表2-3　乙醇-水溶液的共沸组成随压强的变化情况

压强/kPa	共沸温度/℃	共沸物中乙醇的摩尔分数/%	压强/kPa	共沸温度/℃	共沸物中乙醇的摩尔分数/%
13.33	34.2	99.2	101.3	78.15	89.4
20.0	42.0	96.2	146.6	87.5	89.3
26.66	47.8	93.8	193.3	95.3	89.0
53.32	62.8	91.4			

随着物系压力的改变，共沸组成会随之发生变化，甚至可以使共沸物消失。利用该特性，在某种情况下通过改变压力来实现共沸物的分离，如丁酮-水物系的分离。

在大气压力下，丁酮(MEK)-水(H_2O)物系形成二元正偏差共沸物，共沸组成为含丁酮65%；而在0.7MPa的压力下，共沸组成变化为含丁酮50%（见图2-8)。

由于压力变化明显影响其共沸组成，当采用两个不同压力操作的精馏过程，即可实现二者的分离。如果原料中含丁酮小于65%，则在低压塔加料，塔釜采出纯水，塔顶馏出液为含丁酮65%的共沸物并送入高压塔，由图2-8分析可知，高压塔塔釜得到纯丁酮，塔顶采出含丁酮50%的馏出液，并循环到低压塔。应该注意，水在低压塔中是难挥发组分。丁酮在高压塔中是难挥发组分。变压精馏流程见图2-9。

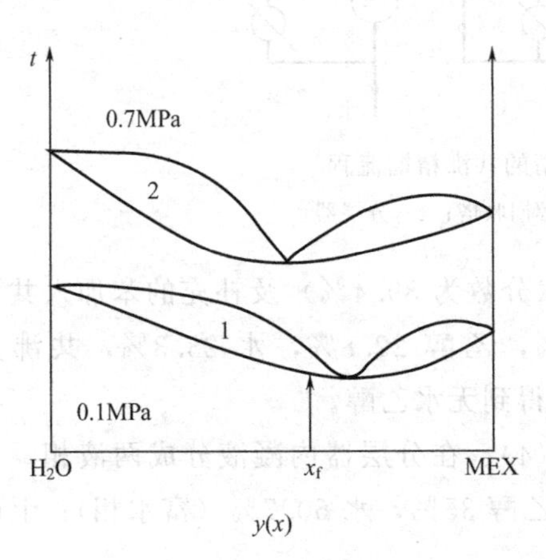

图2-8　丁酮-水物系 t-x-y 图
1—0.1MPa；2—0.7MPa

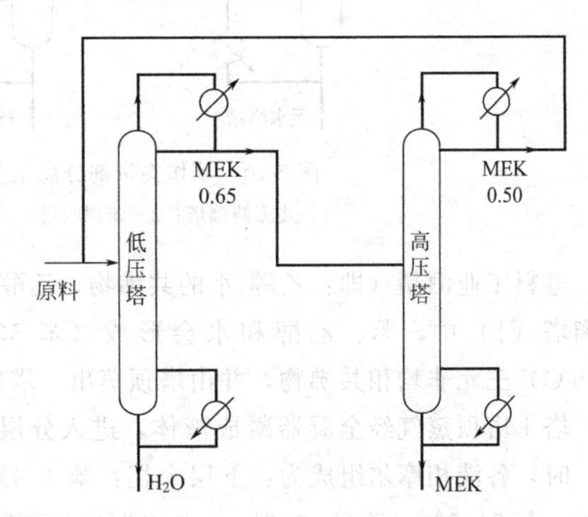

图2-9　变压精馏分离丁酮-水流程

双塔流程也可用于分离四氢呋喃-水、甲醇-丁酮和甲醇-丙酮等体系。

(3) 共沸剂的选择

共沸剂要与原物系中的某些组分形成共沸物，以利于原物系组分的分离。所以选择共沸剂是关系到分离能否顺利完成，经济上是否合理的重要环节。选择共沸剂有如下要求：

① 至少能与原溶液中一个组分形成最低共沸物，共沸物与釜液的沸点差要大（一般大于10℃）；

② 共沸剂的气化潜热应低，因共沸剂最终以汽相从塔顶蒸出，气化潜热低，精馏中所消耗的热量少；

③ 共沸剂在共沸物中的含量低，这样可减少共沸剂的用量并减少能耗；

④ 共沸剂易回收，优先考虑生成非均相共沸物的共沸剂，这样可简化回收流程；

⑤ 与进料互溶，热稳定性和化学稳定性好，安全且价廉易得。

2.3.2.2 共沸精馏流程

（1）塔顶产物为非均相共沸物

由于共沸精馏塔塔顶蒸出的共沸物是非均相的，可采用分层器初步分离共沸物。

该类流程的主要设备：共沸精馏塔、分层器、溶剂回收塔。

用苯作为共沸剂分离工业酒精以制取无水乙醇即属此类，流程见图2-10。

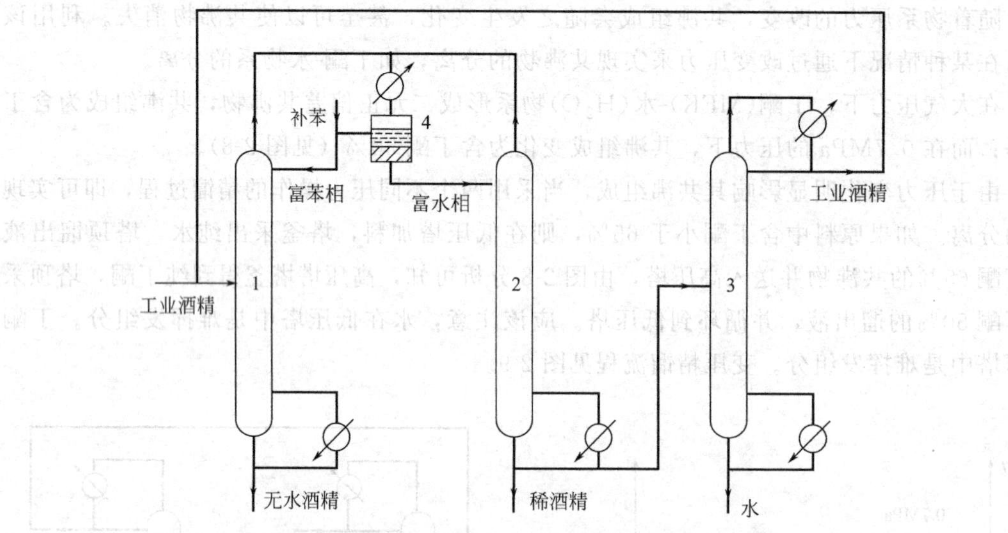

图2-10 苯作夹带剂分离工业酒精的共沸精馏流程

1—共沸精馏塔；2—苯回收塔；3—乙醇回收塔；4—分层器

进料工业酒精（即：乙醇-水的共沸物，乙醇摩尔分数为89.4%）及补充的苯加入共沸精馏塔（1）中，苯、乙醇和水会形成（苯53.9%，乙醇22.8%，水23.3%，共沸点64.9℃）三元非均相共沸物，并由塔顶蒸出，塔底可得到无水乙醇。

塔1塔顶蒸气经全凝器凝成液体，进入分层器（4）。在分层器内凝液分成两液相。在20℃时，各液相摩尔组成为：下层水相：苯4.3%，乙醇35%，水60.7%（富水相）；上层油相：苯74.5%，乙醇21.7%，水3.8%（富苯相）。

油相内苯含量最高，回流入共沸精馏塔（1），使加料板以上塔板液相中有足够的苯，以保证操作正常进行。分层器的水相进入苯回收塔（2）中，塔顶仍为三元共沸物，与共沸精馏塔（1）的塔顶蒸汽汇合，进入全凝器；塔底排出稀的“乙醇-水”溶液，作为乙醇回收塔（3）的进料。乙醇回收塔即普通精馏塔，塔底排出水，塔顶产品为“乙醇-水”共沸物（工业酒精）；该共沸物连同原料液一道加入共沸精馏塔（1）中。

常用的分层器结构见图2-11。

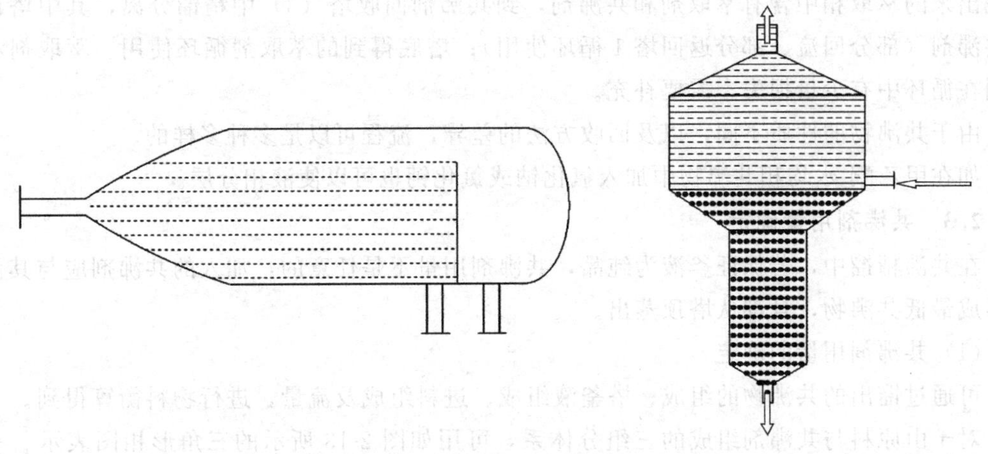

图 2-11　常用的分层器结构

思考：若共沸精馏塔塔顶蒸出的是二元非均相共沸物，其精馏流程与三元非均相共沸物流程有何差异？

(2) 塔顶产物为均相共沸物

由于共沸精馏塔塔顶蒸出共沸物不能分层，可采用萃取塔分离共沸物。

该流程的主要设备：共沸精馏塔、萃取塔、溶剂回收塔。

以丙酮为共沸剂分离苯和环己烷，馏出液为均相共沸物的精馏流程见图 2-12。

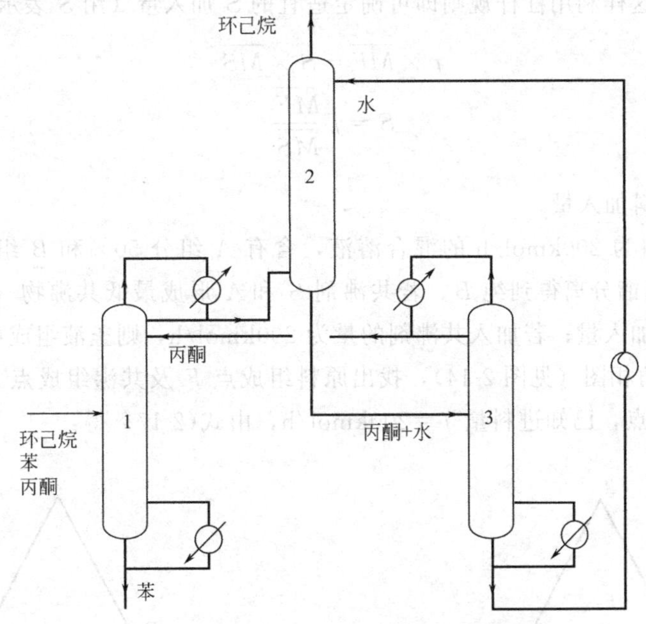

图 2-12　塔顶产品为均相共沸物的精馏流程

1—共沸精馏塔；2—萃取塔；3—共沸剂回收塔

在共沸精馏塔（1）中用丙酮将环己烷从塔顶分出，塔釜排出苯（若共沸剂加入量适宜，则釜液为纯组分）。

由塔顶蒸出的共沸物蒸汽在全凝器中冷凝，部分冷凝液作为苯塔回流液，其余部分进入萃取塔（2），选水作萃取剂以分离丙酮与环己烷。萃取塔塔顶采出液（萃余相）为环己烷，塔底出来的萃取相中含有萃取剂和共沸剂，到共沸剂回收塔（3）中精馏分离，其中塔顶馏出共沸剂（部分回流、部分返回塔 1 循环使用）；塔底得到的萃取剂循环使用。萃取剂和共沸剂在循环中有少量损失，需要补充。

由于共沸物的性质不同，以及回收方法的差异，流程可以是多种多样的。

如在甲乙酮-水均相共沸物中加入氯化钠或氯化钙也可以使液相分层。

2.3.2.3　共沸剂用量确定

在共沸精馏中，若保证釜液为纯品，共沸剂用量不是任意的，加入的共沸剂应与其他组分形成最低共沸物，且都从塔顶蒸出。

(1) 共沸剂用量的确定

可通过馏出的共沸物的组成、塔釜液组成、进料组成及流量，进行物料衡算得到。

对于由原料与共沸剂组成的三组分体系，可用如图 2-13 所示的三角形相图表示。三角形的每个顶点表示一个纯组分，每条边代表一个二元混合物，图内每一点代表一个三元混合物。若原料 F 为 A、B 的混合物，共沸剂 S 与 A 形成二元最低共沸物 D，向组成为 F 点的两组分原料中加入一定量的 S，则该三元物系的组成点在 FS 线上。

若将 M 点的三组分溶液进行精馏，塔顶产品应是最低共沸物 D，而塔釜的组成应在 DM 延长线上。

在共沸精馏中，适宜的共沸剂用量应保证使 A 全部形成共沸物从塔顶蒸出，而不进入釜液（塔釜为纯产品 B），所以共沸剂用量不是任意的，即适宜的 S 加入量应使 M 点在 FS 和 DB 的交点上，这样利用杠杆规则即可确定适宜的 S 加入量（用 S 表示）：

$$f \times \overline{MF} = S \times \overline{MS}$$

$$S = f\frac{\overline{MF}}{\overline{MS}} \tag{2-17}$$

式中，f 为原料加入量。

【例 2-1】 进料为 200kmol/h 的混合溶液，含有 A 组分 50%和 B 组分 50%（摩尔分数），要求用共沸精馏分离得到纯 B。若共沸剂 S 和 A 形成最低共沸物（其中含 S 50%），试求共沸剂适宜的加入量；若加入共沸剂的量为 200kmol/h，则釜液组成如何？

解法 1：作三角相图（见图 2-14），找出原料组成点 F 及共沸组成点 D，连接 FS 线及 BD 线，交点为 M 点，已知进料量 f=200kmol/h，由式(2-17) 得：

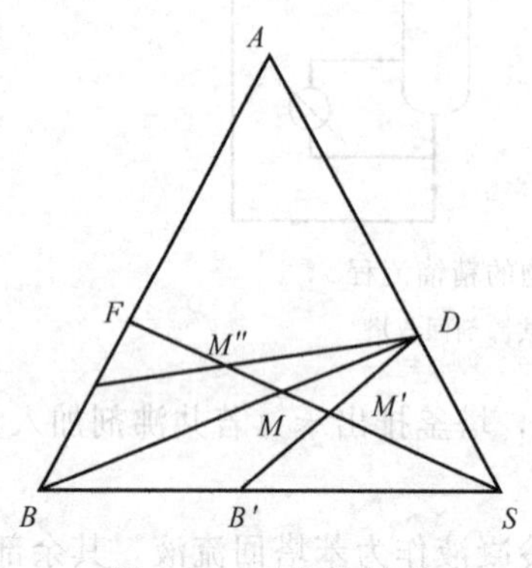

图 2-13　三角形相图

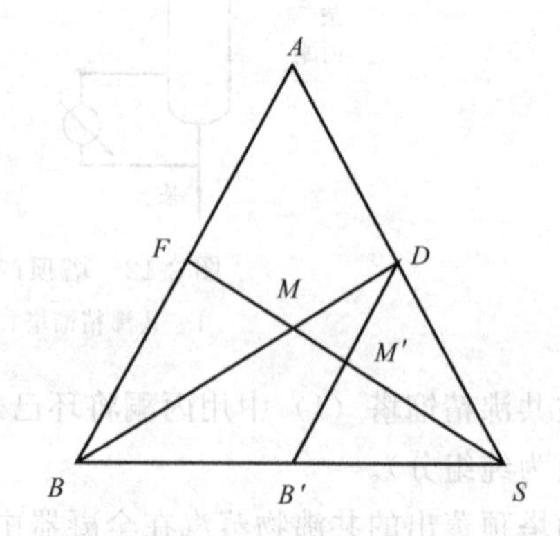

图 2-14　例 2-1 附图

$$S = f\,\frac{\overline{MF}}{\overline{MS}} = 200 \times \frac{1}{2}\text{kmol/h} = 100\text{kmol/h}$$

若加入共沸剂的量为 200kmol/h，则有 100kmol/h 的 S 与 A 形成共沸物从塔顶蒸出，余下 100kmol/h 的 S 进入釜液，则釜液组成为 B 占 50%、S 占 50%（摩尔分数）。

解法 2：进料中 A、B 组分各为 100kmol/h，要使塔釜得到纯 B，则 A 就要全部从塔顶蒸出——即与 S 形成各为 50%的共沸物，则需共沸剂的适宜量是 100kmol/h。

（2）共沸剂的加入位置

共沸剂确定后，还需根据共沸剂的本身性质确定其加入位置，适宜的加入位置应使共沸剂充分发挥作用（能使塔内尽量多的塔板上，其液相中的浓度接近共沸组成），同时又保证尽可能少地进入釜液。

相对于原物系的两组分而言不易挥发，则靠近塔顶部加入；若共沸剂比原物系中的组分更易挥发，则应分段加入，一部分随物料，一部分在进料口以下若干塔板处加入（离塔釜尚有一段距离）。

2.3.2.4 共沸精馏塔操作

2.3.2.4.1 以醋酸异丙酯为共沸剂，分离 60%的醋酸水溶液

（1）共沸精馏分离醋酸水溶液的流程

由于醋酸（沸点 118℃）能与水形成最低共沸物，若采用普通精馏分离 60%的醋酸水溶液，不能实现两者的完全分离，实际生产中采用醋酸异丙酯（沸点 88.4℃）作共沸剂的共沸精馏方法，可在塔釜得到精制醋酸，塔顶蒸出醋酸异丙酯和水的非均相共沸物，共沸温度 76.6℃，精馏流程见图 2-15。

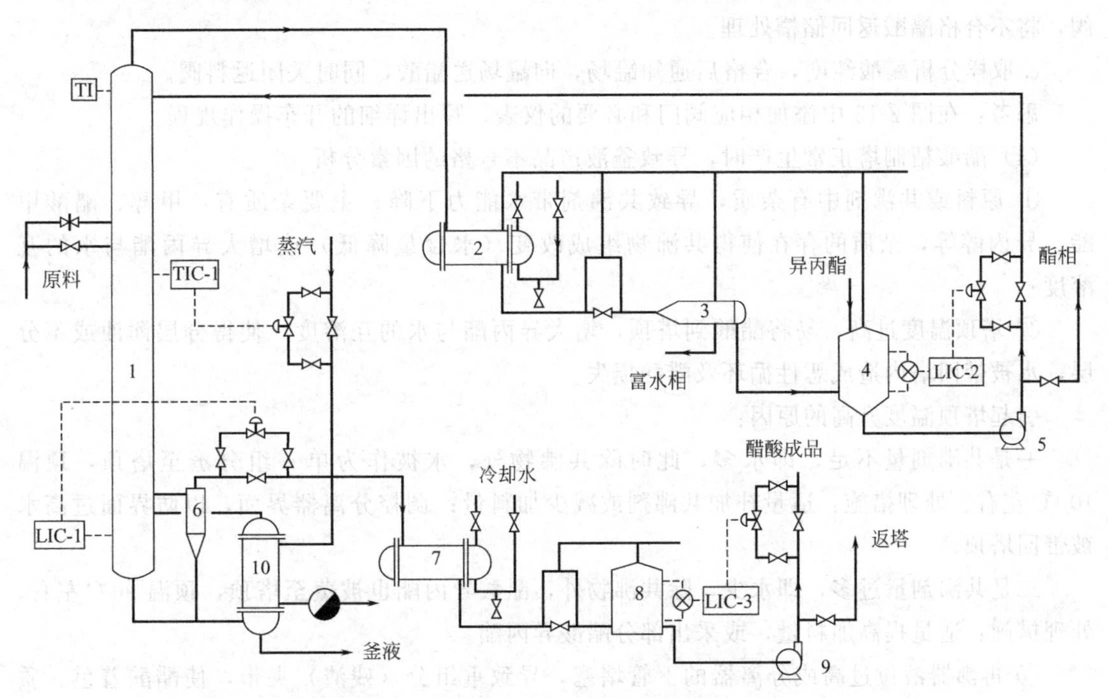

图 2-15 共沸精馏分离醋酸水溶液流程图

1—精馏塔；2—塔顶冷凝器；3—分层器；4—馏出槽；5—馏出泵；
6—液滴分离器；7—醋酸冷凝器；8—醋酸送出槽；9—醋酸送出泵；10—再沸器

为避免两塔操作时的相互干扰，两塔可单设冷凝器而合用分层器。

思考：本流程中，共沸精馏塔是侧线采出醋酸产品，为什么？

（2）共沸精馏塔（醋酸精制塔）的参数控制

要使共沸精馏塔能稳定运行，应保证进料流量、塔中温度、塔釜液位、馏出槽液位、醋酸送出槽液位等的稳定，由于共沸剂循环使用，馏出槽中的上层酯相全回流。

（3）共沸精馏塔（醋酸精制塔）的开车步骤

① 塔（1）加入一定液位后，开始升温与全回流。

a. 手动慢慢打开 TIC-1 调节阀，向再沸器通蒸汽；

b. 当再沸器管间排出硬气后，关闭侧排气阀和疏水器的旁通阀，贯通疏水器；

c. 向塔顶冷凝器（2）、醋酸冷凝器（7）通循环水；

d. 当分层器有界面时，慢慢打开分离水的出口阀，并调节出水阀开度使界面在视镜中部；

e. 当馏出槽（4）有一定液位时，启动馏出泵（5），并手动调节 LIC-2 使馏出槽液位至规定值，进行全回流，待 LIC-2 指示稳定后，切为自动。

② 连续加料。当塔顶、塔釜温度稳定在规定值后，手动打开进料管道的调节阀向塔（1）加料至规定值。

③ 气相采出。

a. 当塔釜温度、塔中温度稳定在规定值时，手动打开 LIC-1，采出气相醋酸并维持规定液位，稳定后切为自动。

b. 当醋酸送出槽（8）液位有一定液位时，启动醋酸送出泵（9）、打开泵出口阀和返料阀，将不合格醋酸返回储槽处理。

c. 取样分析醋酸纯度，合格后通知罐场，向罐场送醋酸，同时关闭返料阀。

思考：在图 2-15 中添加相应阀门和必要的仪表，写出详细的开车操作规程。

（4）醋酸精制塔正常生产时，导致釜液产品不合格的因素分析

① 原料或共沸剂中有杂质，导致共沸剂带水能力下降。主要杂质有：甲醇、醋酸甲酯、异丙醇等，杂质的存在使得共沸物组成改变（水含量降低）或增大异丙酯与水的互溶度；

② 塔顶温度过高，易将醋酸到塔顶，增大异丙酯与水的互溶度，使得分层浑浊或不分层，水被带回塔内造成恶性循环及醋酸损失。

引起塔顶温度升高的原因：

一是共沸剂量不足，即水多，此时除共沸物外，水被作为单一组分蒸至塔顶，顶温100℃左右。处理措施：适量补加共沸剂或减少加料量；调控分离器界面，以防界面过高水被带回塔顶。

二是共沸剂量过多，即水少，除共沸物外，醋酸异丙酯也被蒸至塔顶，顶温 90℃左右。处理措施：适量提高加料量，或采出部分醋酸异丙酯。

③ 再沸器液位过高或分离器的下管堵塞，导致重组分（残渣）夹带，使醋酸着色、质量下降。

④ 蒸汽量供应不足、塔釜温度下降，使低沸物降至塔釜会影响醋酸的质量。

思考：对上述问题，你认为影响因素及处理措施还有哪些？

2.3.2.4.2 共沸精馏与萃取精馏的比较

共沸精馏与萃取精馏均属于特殊精馏，都是利用加入第三组分来改变原有组分的相对挥发度，以达到分离的目的。由于外加组分所起作用不同，二者区别见表 2-4。

表 2-4 共沸精馏与萃取精馏的比较

项目		萃取精馏	共沸精馏
第三组分	名称	溶剂	共沸剂
第三组分	挥发度	小	大
第三组分	选择范围	较宽，种类较多	需形成共沸物，较窄
第三组分	用量	较大，允许溶剂量有一定的波动	较少，受共沸组成限制，不可变动
第三组分	加入位置	取决于进料状态，在塔顶或附近，以保证 x_s 全塔恒定	取决于共沸剂的沸点高低，一般随原料入塔或同时在他处加入
第三组分	采出位置	塔釜，适宜于塔顶出产品	塔顶，适宜于塔釜出产品
操作	温度	较高	较低，宜于分离热敏性物料
操作	能耗	溶剂只有温度升高，无需气化，主要消耗显热	共沸剂需气化蒸出消耗潜热，宜蒸出含量较少的杂质
操作	操作方式	连续，宜于大规模生产	连续、间歇均可，宜于实验室及小规模生产
操作	操作条件	较灵活，受限制较少，操作参数可在较大范围内变动	共沸剂浓度、温度、加入量等都不可任意变动
操作	溶剂回收	回收容易，工艺较简单	回收困难，工艺过程复杂

从能量消耗、外加组分的选择以及操作条件变化范围等任一方面来考虑，萃取精馏都优于共沸精馏，但当被分离混合物中存在热敏性物质、需间歇操作或可形成非均相最低共沸物时，采用共沸精馏还是有利的。

2.3.2.5 加盐精馏

(1) 含盐溶液的汽-液平衡关系

绝大多数含水有机物质，当加入第三组分盐后，可以增加有机物质的相对挥发度。对于具有共沸性质的含水有机溶液加盐后会使其共沸点发生移动，甚至消失。加盐精馏就是利用盐实现强化的精馏过程。

图 2-16 为 101.3kPa 压力下的醋酸钾含量对乙醇-水物系汽-液平衡的影响。所有曲线均按无盐基准绘制，即按假二元物系处理。曲线 1 表示无盐存在时的乙醇-水物系（共沸组成中乙醇 89%），其他曲线是在不同醋酸钾含量下得到的。由图中看出，随物系中盐含量的增加，乙醇对水的相对挥发度增大。即使溶液中盐含量很低（<5.9%，摩尔分数）时，仍能消除共沸物。

实验发现，大多数盐在水中比在乙醇中更易溶解，盐使得液相中溶解盐少的组分在平衡汽相中增浓，而且溶解度差别越大，则对汽-液平衡的影响越大。

盐对汽-液平衡的影响可解释为：将盐类溶解在水中，水溶液的蒸汽压就会下降，沸点上升，若将盐溶解于双组分混合溶液中，因不同组分对盐的溶解度不同，所以各组分蒸汽压下降的程度有差别。例如对于乙醇-水物系，加入 $CaCl_2$ 后，因其在水中和乙醇中的溶解度（摩尔分数）分别是 27.5%和 16.5%，所以水的蒸汽压下降多而乙醇的蒸气压下降少，导致乙醇对水的相对挥发度提高了。

（2）溶盐精馏

溶盐精馏的流程与萃取精馏基本相同。唯一的区别在于溶剂是盐而不是液体。由于溶解的盐是不挥发的，故盐可从塔顶加入，无需设溶剂回收段。盐从塔釜产品中排出，用蒸发或结晶的方法回收并重复使用。

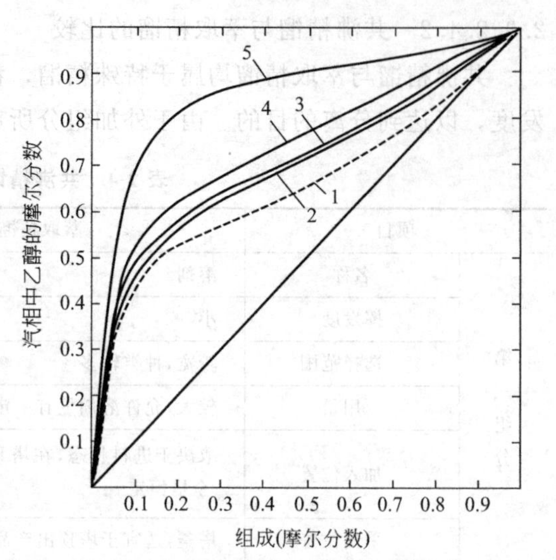

图 2-16　醋酸钾浓度对乙醇-水物系汽-液平衡的影响

1—无盐；2—盐含量 5.9%；3—盐含量 7.0%；4—盐含量 12.5%；5—盐的饱和溶液

溶盐精馏的优点是：

① 盐类不挥发，只存在于液相，不存在部分汽化和冷凝问题，能耗较少；

② 盐效应改变组分相对挥发度显著，盐用量少，仅为萃取精馏的百分之几，可节约设备投资和降低能耗。主要缺点是盐的溶解和回收后循环输送等比较困难，限制其广泛应用。

（3）加盐萃取精馏

加盐萃取精馏是指以含盐混合溶剂代替单纯液体溶剂的萃取精馏过程。比溶盐精馏复杂，因为除了欲分离的组分外，还有液体溶剂和盐，因而至少是四元物系，其流程与萃取精馏流程完全相同。使用溶解有盐的液体溶剂，既发挥了分离作用，又克服了固体盐的回收和输送的困难，故在工业上已有应用。如应用加盐萃取精馏分离乙醇-水制取无水乙醇的装置规模为 5000t/a，叔丁醇-水物系的分离已有 3500t/a 的中试装置。

项目三　石油裂解气的分离

吸收解吸过程是分离气体混合物重要而有效的手段之一，在化工生产中有着广泛的应用，吸收解吸常用于脱去不凝气、回收原料气的工艺中，同时吸收和解吸互为逆过程，吸收液通过解吸循环使用，因此吸收解吸的应用有其特殊性。

作为吸收解吸岗位的操作控制人员，应熟悉现场工艺流程、识读 DCS 图，理解并按照安全操作规程进行装置的开停车操作，对生产中出现的异常情况能分析排查原因并进行处理，才能做到安全生产。选取石油裂解气的分离作为项目，对学生进行吸收解吸分离过程的技能操作训练。

项目	任务	学习场所	参考学时
石油裂解气的分离	识读吸收解吸装置工艺流程图（现场流程图和 DCS 图）	仿真实训室 多媒体教室	4
	吸收解吸装置的开车	仿真实训室	6
	吸收解吸装置的故障分析及处理	仿真实训室	4

3.1　识读吸收解吸装置工艺流程图

3.1.1　目标与要求

3.1.1.1　知识目标

① 熟悉吸收解吸原理、基本流程。

② 理解吸收传质机理、吸收解吸过程推动力分析。

③ 熟悉吸收装置的结构和特点。

④ 了解影响吸收解吸操作质量的因素，需要控制的主要工艺参数。

⑤ 熟悉工艺参数（温度、吸收剂流量、压力、液位）的控制方法。

3.1.1.2　能力目标

① 能规范画出吸收解吸基本流程图。

正确绘出：设备外形轮廓（吸收塔、解吸塔、冷凝器、再沸器、泵等），管道进出口位置，物料流动方向。

a. 加热（减压）解吸；

b. 惰性气体解吸。

② 能识读吸收解吸装置的现场流程图及 DCS 图。

a. 说明备用泵、备用压缩机的用途；

b. 简述塔釜液位，吸收塔压力、温度、吸收剂温度、流量，解吸塔温度、压力等的控制方案。

③ 简述吸收解吸装置的工艺流程。

3.1.1.3 学生工作页

<table>
<tr><td colspan="2">姓名：</td><td>班级：</td><td>组别：</td><td colspan="2">指导教师：</td></tr>
<tr><td>课程名称</td><td colspan="5">分离纯化技术</td></tr>
<tr><td>项目名称</td><td colspan="5">石油裂解气的分离</td></tr>
<tr><td>任务名称</td><td colspan="3">3.1 识读吸收解吸装置现场流程图和DCS图</td><td>工作时间</td><td>4学时</td></tr>
<tr><td>任务描述</td><td colspan="5">熟悉吸收解吸原理、基本流程、设备结构，读懂吸收解吸装置现场流程及DCS图；熟悉典型工艺参数（$T\backslash p\backslash L\backslash F$）的控制方案</td></tr>
<tr><td>工作内容</td><td colspan="5">(1)叙述吸收解吸原理及装置的构成，正确绘制吸收解吸工艺基本流程；
(2)了解压缩机、离心泵的工作原理；
(3)识读吸收解吸装置现场流程图和DCS图；
(4)简述工艺流程；
(5)简述其典型工艺参数的控制方案</td></tr>
<tr><td rowspan="7">项目实施</td><td rowspan="4">查阅资料</td><td colspan="2">《化工仪表及自动化》等</td><td colspan="2">工艺参数控制方案的构成</td></tr>
<tr><td colspan="2">《化工分离技术》等</td><td colspan="2">吸收解吸装置的构成及工艺流程</td></tr>
<tr><td colspan="2">《化工设计概论》等</td><td colspan="2">带控制点的流程图绘制</td></tr>
<tr><td colspan="2">网络资源、其他</td><td colspan="2"></td></tr>
<tr><td>教师指导要点</td><td colspan="4">(1)吸收解吸原理及推动力分析；
(2)吸收解吸基本流程、设备结构及作用；
(3)吸收解吸系统的工艺指标及质量指标；
(4)影响吸收解吸操作质量的因素；
(5)吸收解吸控制流程图的识读（打开仿真界面）；设备、管道、阀门、仪表控制的表示方法；参数控制方案的表达（简单控制、串级控制）；相关设备的作用</td></tr>
<tr><td>学生工作</td><td colspan="4">(1)熟悉填料塔结构；
(2)绘制正确的吸收解吸装置基本流程图；
(3)识读吸收解吸装置现场图和DCS图；
(4)对照仿真画面，简述：工艺流程；典型工艺参数的控制方案（与精馏装置的异同）；主要设备的作用（解吸塔的工作原理）</td></tr>
<tr><td>评议优化</td><td colspan="4">(1)以小组为单位，互相交流识图中的疑惑；
(2)疑问提交教师；
(3)教师解答并引导学生识读现场流程图和DCS图</td></tr>
<tr><td>学习心得</td><td colspan="5"></td></tr>
<tr><td>评价</td><td>考评成绩</td><td></td><td>教师签字</td><td>日期</td><td></td></tr>
</table>

3.1.1.4 学生成果展示

姓名：	班级：	组别：	成果评价：

一、填空

1. 压力________，温度________，将有利于解吸而不利于吸收的进行，此时相平衡常数 m 会__________。

2. 在化工生产中，吸收是分离__________的重要而有效的手段之一，广泛用于以下几方面。

① 获得产品：用吸收剂将气体中有效组分吸收下来，__________作为成品，如__________。

② 气体混合物的分离：吸收剂__________地吸收气体中某一组分，达到初步分离的目的，例如__________。

③ 气体净化：分两类，一类为__________气的净化；另一类是__________的净化。前者目的是清除后加工时不允许存在的__________，它们或会使催化剂__________，或会发生__________产生杂质。如用碱液脱除合成氨原料气中的 CO_2 等。后者则是为了保护__________，例如__________。

3. 在吸收操作时，若吸收因数 L/mV 增加，而气、液进料组成不变，则溶质的回收率将__________。

4. 相平衡是过程的__________，不平衡的气液两相相互接触就会发生气体的__________或解吸过程。吸收过程多以实际浓度与__________的差值来表示吸收推动力的大小。即塔内任何一个截面上气相实际浓度 y 和与该截面上液相实际浓度 x __________的 y^* 之差，即 $y-y^*$（其中 $y^*=mx$），由此分析，利于吸收过程进行的条件是__________、__________、__________。

5. 在选择吸收剂时，应主要考虑的四个方面是__________、__________、__________、__________。

6. 对于吸收操作，按吸收质与吸收剂的作用原理分类，可分为__________和__________。按被吸收的组分数目分为单组分吸收和__________吸收，按过程有无温度变化分为非等温吸收和等温吸收。气体溶解于液体时，常常伴随着__________，当有化学反应时，还会有__________，其结果是随吸收过程的进行，溶液__________会逐渐变化，则此过程为非等温吸收；若被吸收组分在气相中浓度很低，而吸收剂用量相对过量时，温度升高__________显著，可认为是等温吸收。

二、以天然气为原料合成氨时，多用 $NaHCO_3$ 溶液吸收合成氨原料气中的 CO_2 气体，并将吸收液解吸得到 CO_2，试完成：

1. 本工艺吸收解吸原理；

2. 选择合适的解吸方法；

3. 规范绘制吸收解吸流程示意图。

3.1.2 知识提炼与拓展

3.1.2.1 吸收原理

化工生产中常会遇到气体混合物的分离问题。为了分离混合气体中的各组分，通常将混合气体与选择的某种液体相接触，气体中的一种或几种组分便溶解于液体内而形成溶液，不能溶解的组分则保留在气相中，从而实现了气体混合物分离的目的。这种利用各组分溶解度不同而分离气体混合物的操作称为吸收。在吸收过程中，被吸收的气体组分称为吸收质或溶质；所用的液体称为吸收剂或溶剂。吸收塔底部引出的液体为吸收液，从塔顶引出的气体为尾气。

3.1.2.1.1 吸收相平衡（亨利定律）

在恒定温度与压力下，使某一定量混合气体与吸收剂接触，溶质便向液相中转移，当单位时间内进入液相的溶质分子数与从液相逸出的溶质分子数相等时，吸收达到了相平衡。此时液相中溶质达到饱和，气液两相中溶质浓度不再随时间改变。

对低浓度吸收过程，在一定温度下气液两相达到平衡时，溶质在液相中的浓度与其在气相中的平衡分压的关系，服从亨利定律，即：

$$p^{*}=Ex \tag{3-1}$$

式中 p^{*}——溶质在气相中的平衡分压，kPa；

x——溶质在液相中的摩尔分数，%；

E——亨利系数，kPa；当物系一定时，温度升高，E 值增大。一般易溶气体的 E 值小，难溶气体的 E 值大。

吸收相平衡决定了吸收的方向和限度，在吸收分析中具有重要的地位。在有机化工生产中，常见的吸收过程是用大量的溶剂处理少量的气体混合物，所得溶液是低浓度溶液。此时吸收过程的溶质在液相中的浓度与其平衡分压的关系，服从亨利定律。处于低压下的气体可以视为理想气体，符合道尔顿定律，即：

$$p^{*}=py_{i} \tag{3-2}$$

由上面两式整理得：

$$y_{i}=\frac{E}{p}x_{i}=mx_{i}$$

即当总压不高时，亨利定律也可描述为：

$$y^{*}=mx \tag{3-3}$$

式中 y^{*}——相平衡时溶质在气相中的摩尔分数，%；

m——相平衡常数，$m=E/p$；压力越高、温度越低，m 值越小。

3.1.2.1.2 亨利定律的应用

（1）吸收过程的推动力分析

相平衡是吸收过程的极限，不平衡的气液两相相互接触就会发生气体的吸收或解吸过程。吸收过程通常以实际浓度与平衡浓度的差值来表示吸收传质推动力的大小，即塔内任何一个截面上气相实际浓度 y 和与该截面上液相实际浓度 x 成平衡的 y^* 之差。

吸收过程进行的推动力为：

$$y_i - y_i^* > 0 \tag{3-4}$$

式中 y_i ——气相中溶质 i 的摩尔分数，%；

y_i^* ——与液相组成 x_i 相平衡的气相摩尔分数，%，即 $y_i^* = m_i x_i$；

x_i ——溶质 i 在液相中的摩尔分数，%。

要想吸收过程得以进行，气相中溶质浓度 y_i 必须大于 y_i^*，即 y_i^* 越小越有利于吸收。因此强化吸收过程的途径是：

① 增加气相中溶质的浓度；

② 减小液相中溶质的浓度（吸收剂中无溶质残留或用量大）；

③ 降低 m_i（高压、低温）。

吸收的基本条件是低温、高压。

（2）解吸过程推动力分析

解吸过程是吸收的逆过程，其目的是将溶质从吸收液中分离出来，使吸收剂得以循环利用，解吸过程进行的推动力为：

$$x_i - x_i^* > 0 \tag{3-5}$$

式中 x_i ——液相中溶质 i 的摩尔分数，%；

x_i^* ——与解吸塔内气相组成 y_i 相平衡的液相摩尔分数，%，即 $x_i^* = y_i / m_i$。

要使解吸过程顺利进行，需减小 x_i^*，因此增大 m_i 或减小溶质在气相中的分压有利于解吸。在化工生产中，利于解吸操作的条件是：

① 降低压力；

② 升高温度；

③ 通入气提气体（惰性气体或水蒸气）与液体原料接触。

所以解吸方法有三种：减压解吸、加热解吸、通入气提气体解吸。

解吸的基本条件是高温、低压。

实例：氨合成生产中用本菲尔特液（碳酸钾溶液）加压吸收脱除原料气中的 CO_2，得到的吸收液利用降压升温使其解吸，得到纯 CO_2 和吸收剂，吸收剂循环使用。

（3）判别过程进行的方向

对于一切未达到相际平衡的系统，组分将由一相向另一相传递，其结果是使系统趋于相平衡。所以，传质的方向是使系统向达到平衡的方向变化。一定浓度的混合气体与某种溶液相接触，溶质是由液相向气相转移？还是由气相向液相转移？可以利用相平衡关系做出判断。下面举例说明。

【例 3-1】 在 101.3kPa、20℃下，稀氨水的相平衡方程为 $y^* = 0.94x$，现将含氨摩尔分数为10%的混合气体与 $x = 0.05$ 的氨水接触，试判断传质方向。若以含氨摩尔分数为5%的混合气体与 $x = 0.10$ 的氨水接触，传质方向又如何？

解：实际气相摩尔分数　$y = 0.10$。

根据相平衡关系，与 $x = 0.05$ 的溶液成平衡的气相摩尔分数

$$y^* = 0.94 \times 0.05 = 0.047$$

由于 $y > y^*$，故两相接触时将有部分氨自气相转入液相，即发生吸收过程。

此吸收过程也可理解为：实际液相摩尔分数 $x = 0.05$，与实际气相摩尔分数 $y = 0.10$ 成平衡的液相摩尔分数 $x^* = \frac{y}{m} = 0.106$，$x^* > x$，故两相接触时部分氨自气相转入液相。

反之，若以含氨 $y = 0.05$ 的气相与 $x = 0.10$ 的氨水接触，则因 $y < y^*$ 或 $x^* < x$，部分氨将由液相转入气相，即发生解吸。

（4）指明过程进行的极限

将溶质摩尔分数为 y_1 的混合气体送入某吸收塔的底部，溶剂向塔顶淋入作逆流吸收，如图 3-1 所示。当气、液两相流量和温度、压力一定的情况下，设塔高无限（即接触时间无限长），最终吸收液中溶质的最大浓度是与气相进口摩尔分数 y_1 相平衡的液相组成 x_1^*，即：

$$x_{1,\max} = x_1^* = \frac{y_1}{m}$$

同理，塔顶尾气溶质含量 y_2 最小值是与进塔吸收剂的溶质摩尔分数 x_2 相平衡的气相组成 y_2^*，即 $y_{2,\min} = y_2^* = mx_2$。

由此可见，相平衡关系限制了吸收液出塔时的溶质最高含量和尾气离塔时的最低含量。

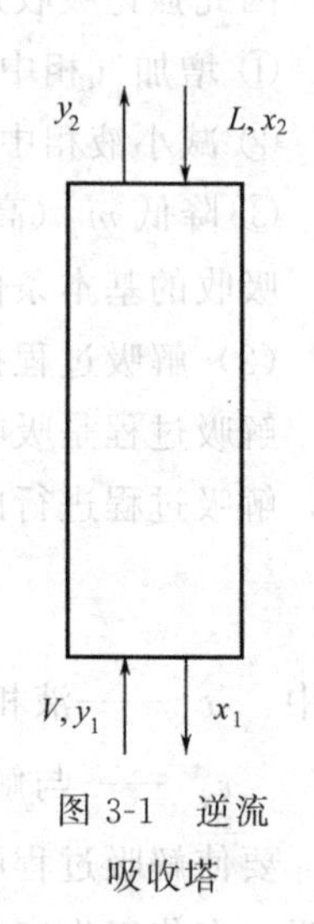

图 3-1　逆流吸收塔

3.1.2.1.3　吸收剂的选择

在吸收操作中，吸收剂的性能是影响吸收效果的关键因素。在选择吸收剂时，应注意考虑以下几方面的问题：

① 吸收剂对于溶质组分应具有较大的溶解度。这样，在一定温度与浓度下，溶质组分的气相平衡分压要低，处理一定量的混合气体所需的吸收剂数量较少，吸收尾气中溶质的极限残余浓度也可降低。就传质速率而言，溶解度越大、吸收速率越大，所需设备的尺寸就越小。

② 选择性要好。吸收剂对溶质组分有良好的吸收能力的同时，对混合气体中的其他组分基本不吸收、或吸收甚微。

③ 在操作温度下吸收剂的挥发度要小。挥发度越大，则吸收剂损失量越大，尾气中含溶剂量也越大。

④ 在操作温度下，吸收剂的黏度较小。在塔内流动性好，从而提高吸收速率，且有助于降低泵的输送功耗，吸收剂传热阻力亦减小。

⑤ 吸收剂要易于再生。即低温下吸收质在吸收剂中的溶解度要大，且随温度的升高溶解度应迅速下降，这样才易于解吸再生。

⑥ 化学稳定性好，无毒，无腐蚀性，不易燃，不易产生泡沫，冰点低，价廉易得。

工业上的气体吸收操作中，多用水作吸收剂，只有对于难溶于水的吸收质，才采用特殊的吸收剂，如用清油吸收苯和二甲苯；有时为了提高吸收的效果，也常采用化学吸收，例如用铜氨溶液吸收一氧化碳和用碱液吸收二氧化碳等。总之，吸收剂的选用，应从生产的具体要求和条件出发，全面考虑各方面的因素，做出经济、合理的选择。

3.1.2.1.4 影响吸收操作的因素

吸收是气液两相之间的传质过程，影响吸收操作的主要因素有操作温度、压力、气体流量、吸收剂用量和吸收剂入塔浓度等。

(1) 温度

吸收温度对塔的吸收率影响很大。吸收剂的温度降低，气体的溶解度增大，溶解度系数增大，使相平衡常数减小，过程推动力增大，使吸收总效果变好，溶质回收率增大。

(2) 压力

提高操作压力，可以提高混合气体中溶质组分的分压，增大吸收的推动力，有利于气体吸收。但压力过高，操作难度和生产费用会增大，因此，吸收一般在常压下操作。若吸收后气体在高压下加工，可采用高压吸收操作，既有利于吸收，又有利于增大吸收塔的处理能力。

(3) 气体流量

在稳定的操作情况下，当气速不大，液体作层流流动，流体阻力小，吸收速率很低；当气速增大为湍流流动时，气膜变薄，气膜阻力减小，吸收速率增大；当气速增大到液泛速度时，液体不能顺畅向下流动，造成雾沫夹带，甚至造成液泛现象。因此。稳定操作流速，是高效吸收、平稳操作的可靠保证。

(4) 吸收剂用量

改变吸收剂用量是吸收过程最常用的方法。当气体流量一定时，增大吸收剂流量，吸收速率增大，溶质吸收量增加，气体的出口浓度减小，回收率增大。

(5) 吸收剂入塔浓度 x_2

吸收剂入塔浓度升高，使塔内的吸收推动力减小，气体出口浓度 y_2 升高。吸收剂的再循环会使吸收剂入塔浓度提高，对吸收过程不利。

3.1.2.2 吸收和解吸流程及设备

3.1.2.2.1 吸收解吸基本流程

工业上吸收和解吸往往密切结合在一起，为了使吸收过程的吸收剂（溶剂）能够循环使用，或回收利用被吸收的气体溶质，就需要解吸过程。伴有吸收剂回收的流程如图 3-2 所示。

吸收的流程比较单一，而解吸流程由于解吸方法的不同有较大差异。

采用惰性气体的解吸过程［见图 3-2 (a)］是吸收的逆过程。液相浓度变化的规律与吸收相反，由于组分不断地从液相转入气相，液相浓度自上而下逐渐降低，而惰性气体中溶质的量不断增加，故气相浓度自下而上逐渐增大。为了使解吸过程在较高的温度下进行，可以用水蒸气作为解吸剂，促使溶质的解吸更完全。

采用再沸器［用蒸汽间接加热，见图 3-2 (b)］的解吸塔实际上是一个只有提馏段的精馏塔。由于塔釜不必加热至沸腾，因此当原料液的热稳定性较差时，这一特点显得很重要。

用一般精馏塔作为解吸塔［见图 3-2 (c)］与前者的区别就在于增加精馏段，用于提高蒸出溶质的纯度和回收吸收剂，适用于解吸塔的釜液（吸收剂）热稳定性好的情况。

3.1.2.2.2 吸收解吸设备

吸收和精馏都是有机化工生产中常见的分离方法，它们同属于传质过程，使用结构大体相同的气液传质设备，即填料塔和板式塔，本小节主要介绍吸收解吸装置常用的填料塔的结构。

(1) 填料塔的结构与特点

① 填料塔的结构。填料塔由塔体、填料、液体分布装置、填料压紧装置、填料支承装置、液体再分布装置等构成，如图 3-3 所示。

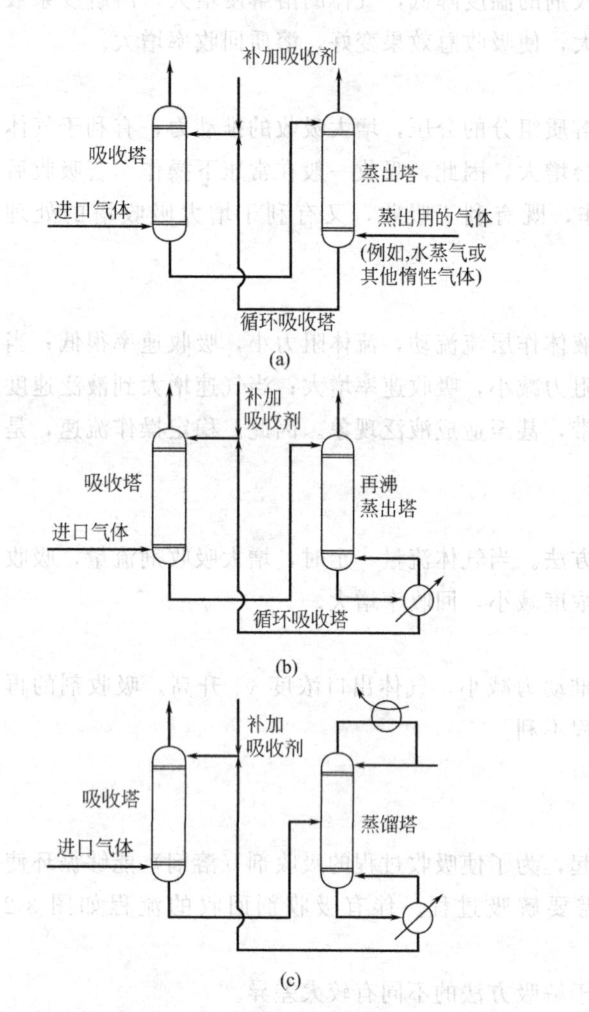

图 3-2 吸收解吸流程图

(a) 用蒸汽或惰性气体解吸；(b) 加热解吸；(c) 蒸馏解吸

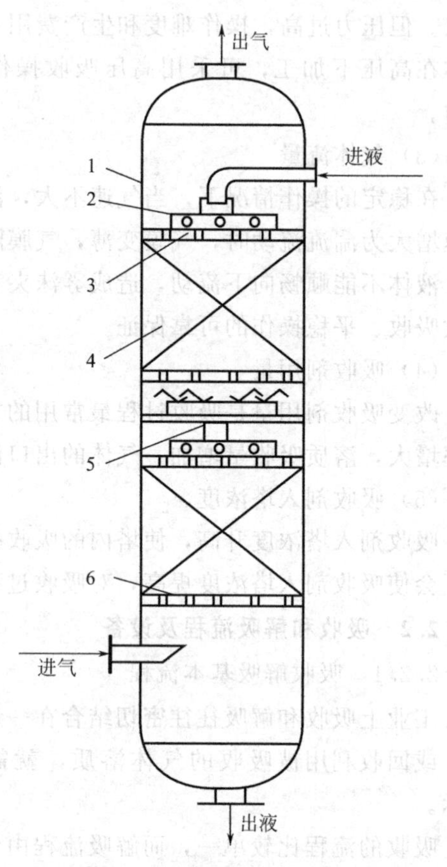

图 3-3 填料塔结构示意图

1—塔体；2—液体分布器；3—填料压紧装置；4—填料层；5—液体再分布器；6—支承装置

填料塔操作时，液体自塔上部进入，通过液体分布器均匀喷洒在塔截面上并沿填料表面呈膜状下流。当塔较高时，由于液体有向塔壁面偏流的倾向，使液体分布逐渐变得不均匀，因此经过一定高度的填料层以后，需要液体再分布装置，将液体重新均匀分布到下段填料层的截面上，最后从塔底排出。

气体自塔下部经气体分布装置送入，通过填料支承装置在填料缝隙中的自由空间上升并与下降的液体接触，最后从塔顶排出。为了除去排出气体中夹带的少量雾状液滴，在气体出口处常装有除沫器。

填料层内气液两相呈逆流接触，填料的润湿表面即为气液两相的主要传质表面，两相的组成沿塔高连续变化。

② 填料塔的特点。与板式塔相比，填料塔具有以下特点：

a. 结构简单，便于安装，小直径的填料塔造价低。

b. 压降较小，适合减压操作，且能耗低。

c. 分离效率高，用于难分离的混合物，塔高较低。

d. 填料对泡沫有限制和破碎作用，适于分离易起泡的物系。

e. 可采用不同材质的耐腐蚀填料，适用于腐蚀性介质。

f. 适用于热敏性物料，因为填料塔持液量低，物料在塔内停留时间短。

g. 操作弹性较小，对液体负荷的变化敏感。当液体负荷较小时，填料表面不能很好地润湿，传质效果急剧下降；当液体负荷过大时，则易产生液泛。

h. 不宜处理易聚合或含有固体颗粒的物料。

(2) 填料的类型及性能评价

填料是填料塔的核心部分，它提供了气液两相接触传质的界面，是决定填料塔性能的主要因素。对操作影响较大的填料特性如下。

① 比表面积。单位体积填料层所具有的表面积称为填料的比表面积，以 δ 表示，其单位为 m^2/m^3。显然，填料应具有较大的比表面积，以增大塔内传质面积。同一种类的填料，尺寸越小，则其比表面积越大。

② 空隙率。单位体积填料层所具有的空隙体积，称为填料的空隙率，以 ε 表示，其单位为 m^3/m^3。填料的空隙率大，气液通过能力大且气体流动阻力小。

③ 填料因子。将 δ 与 ε 组合成 δ/ε^3 的形式称为干填料因子，单位为 m^{-1}。填料因子表示填料的流体力学性能。当填料被喷淋的液体润湿后，填料表面覆盖了一层液膜，δ 与 ε 均发生相应的变化，此时 δ/ε^3 称为湿填料因子，以 ϕ 表示。ϕ 值小则填料层阻力小，发生液泛时的气速提高，亦即流体力学性能好。

④ 单位堆积体积的填料数目。对于同一种填料，单位堆积体积内所含填料的个数是由填料尺寸决定的。填料尺寸减小，填料数目可以增加，填料层的比表面积也增大，而空隙率减小，气体阻力亦相应增加，填料造价提高。反之，若填料尺寸过大，在靠近塔壁处，填料层空隙很大，将有大量气体由此短路流过。为控制气流分布不均匀的现象，填料尺寸不应大于塔径 D 的 $\frac{1}{10}\sim\frac{1}{8}$。

此外，从经济、实用及可靠的角度考虑，填料还应具有重量轻、造价低、坚固耐用、不易堵塞、耐腐蚀及有一定的机械强度等特性。各种填料往往不能完全具备上述各种条件，实际应用时，应依具体情况加以选择。

填料可分为散装填料和整砌填料两大类。散装填料是具有一定几何形状和尺寸的颗粒，分为环形填料、鞍形填料、环鞍形填料及球形填料等，多以散装方式堆积在塔内；整砌填料可在塔内规则排列，根据其几何结构可分为格栅填料、波纹填料、脉冲填料等（见图 3-4）。

填料性能的优劣通常根据效率、通量及压降来衡量。在相同的操作条件下，填料塔内气液分布越均匀，表面润湿性能越优良，则传质效率越高；填料的空隙率越大，结构越开放，则通量越大，压降也越低。国内学者对 9 种常用填料的性能进行了评价，结论如表 3-1 所示。

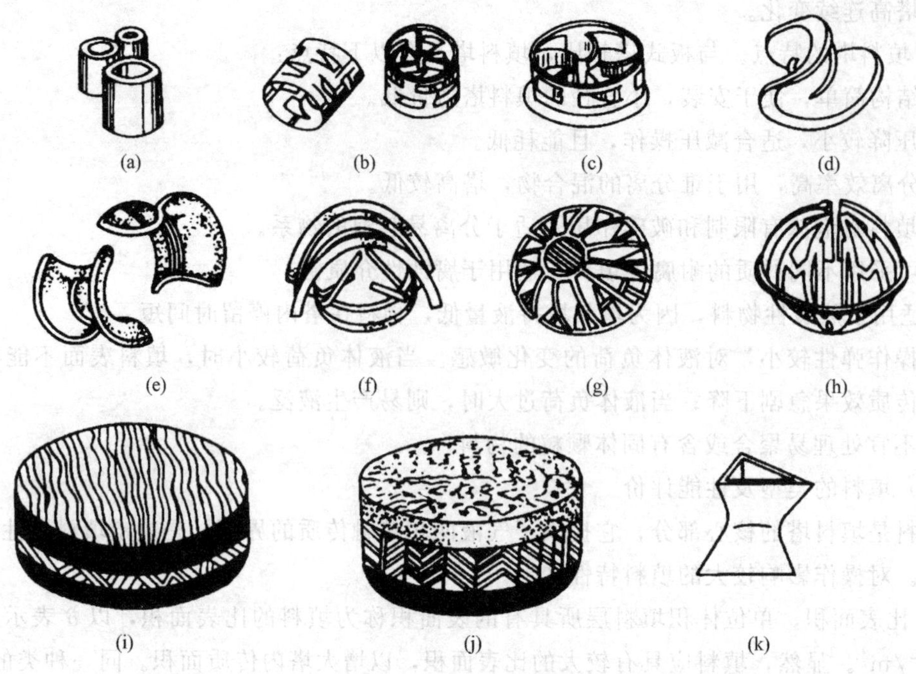

图 3-4　几种常见填料

(a) 拉西环；(b) 鲍尔环；(c) 阶梯环；(d) 弧鞍形；(e) 矩鞍形；(f) 金属鞍环；(g) 多面球形填料；(h) TRI 球形填料；(i) 金属丝网波纹；(j) 金属板波纹填料；(k) 脉冲填料

表 3-1　几种填料综合性能评价

填料名称	评估值	评价	排序	填料名称	评估值	评价	排序
丝网波纹填料	0.86	很好	1	金属鲍尔环	0.51	一般好	6
孔板波纹填料	0.61	相当好	2	瓷鞍环填料	0.41	较好	7
金属鞍环填料	0.59	相当好	3	瓷鞍形填料	0.38	略好	8
金属鞍形填料	0.57	相当好	4	瓷拉西环	0.36	略好	9
金属阶梯环	0.53	一般好	5				

(3) 填料塔的附件

填料塔的附件主要有填料支承装置（见图 3-5）、填料压紧装置、液体分布装置（见图 3-6）、液体再分布装置和除沫装置等。合理地选择和设计填料塔的附件，对保证填料塔的正常操作及良好的传质性能十分重要（见表 3-2）。

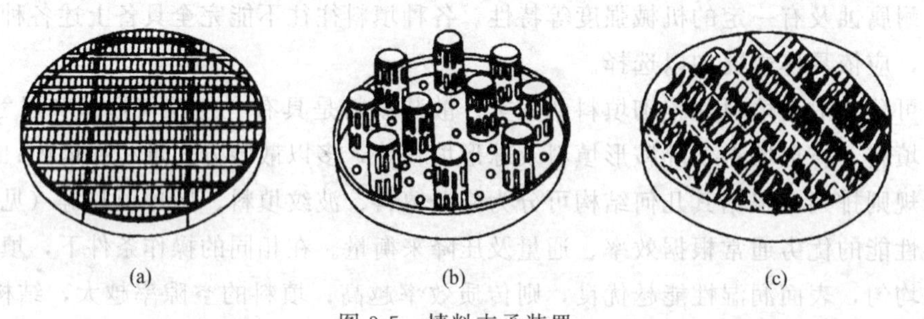

图 3-5　填料支承装置

(a) 栅板型；(b) 孔管型；(c) 驼峰型

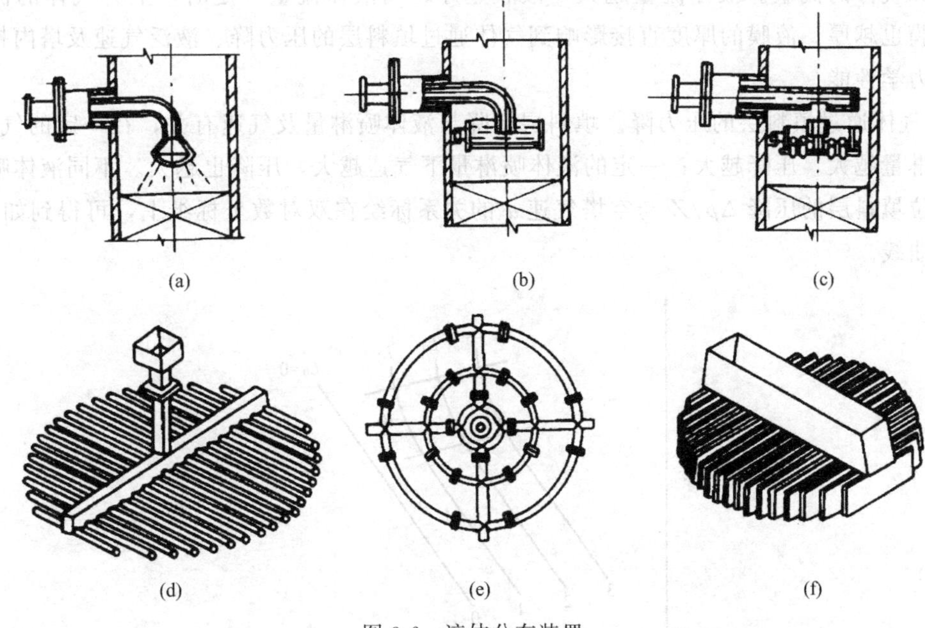

图 3-6 液体分布装置

(a) 莲蓬式；(b) 盘式筛孔型；(c) 盘式溢流管式；

(d) 排管式；(e) 环管式；(f) 槽式

表 3-2 填料塔附件作用及结构

名称	作用	结构类型
填料支承装置(见图 3-5)	支承塔内填料及其持有的液体重量，要有足够的强度。同时为使气液顺利通过，支承装置的自由截面积应大于填料层的自由截面积，否则当气速增大时，液泛将首先在支承装置发生	常用的填料支承装置有栅板型、孔管型、驼峰型等
填料压紧装置	安装于填料上方，保持操作中填料床层高度恒定，防止在高压降、瞬时负荷波动等情况下填料床层发生松动和跳动	分为填料压板和床层限制板两大类。填料压板适用于陶瓷、石墨制的散装填料；床层限制板用于金属、塑料散装填料及所有规整填料
液体分布装置(见图 3-6)	液体分布装置设在塔顶，为填料层提供足够数量并分布适当的喷淋点，以保证初始液体均匀的分布	莲蓬式喷洒器：用于清洁液体，且塔直径小于 600mm。 盘式分布器：用于直径较大的塔。 管式分布器：用于液量小而气量大的填料塔。 槽式分布器：用于气液负荷大及含有固体悬浮物、黏度大的场合
液体再分布装置	间隔一定高度在填料层内设置液体再分布装置，以减小壁流现象。壁流导致填料层内气液分布不均，传质效率下降	最简单的液体再分布装置为截锥式再分布器
除沫装置	在液体分布器的上方安装除沫装置，清除气体中夹带的液体雾沫	折板除沫器、丝网除沫器、填料除沫器

(4) 填料塔的流体力学性能

在逆流操作的填料塔内，液体从塔顶喷淋下来，依靠重力在填料表面作膜状流动，液膜与填料表面的摩擦及液膜与上升气体的摩擦构成了液膜流动的阻力。因此，液膜的膜厚取决于液体和气体的流量。液体流量越大，液膜越厚；当液体流量一定时，上升气体的流量越大，液膜也越厚。液膜的厚度直接影响到气体通过填料层的压力降、液泛气速及塔内持液量等流体力学性能。

① 气体通过填料层的压力降。填料层压降与液体喷淋量及气速有关，在一定的气速下，液体喷淋量越大，压降越大；一定的液体喷淋量下气速越大，压降也越大。不同液体喷淋量下的单位填料层的压降 $\Delta p/Z$ 与空塔气速 u 的关系标绘在双对数坐标纸上，可得到如图 3-7 所示的曲线。

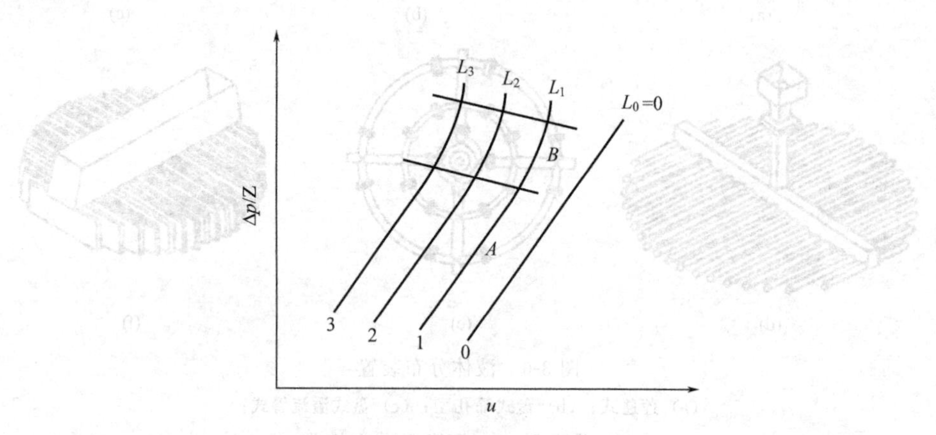

图 3-7　填料层的 $\Delta p/Z$-u 示意图

图中直线 L_0 表示无液体喷淋（$L=0$）时干填料的 Δp 与 u 的关系，称为干填料压降线。曲线 L_1、L_2、L_3 表示不同液体喷淋量下填料层的 Δp 与 u 的关系（喷淋量 $L_1<L_2<L_3$）。

从图中可看出，在一定的喷淋量下，压降随空塔气速的变化曲线大致可分为三段：

a. 当气速低于 A 点时，气体流动对液膜的曳力很小，液体流动不受气流的影响，填料表面上覆盖的液膜厚度基本不变，因而填料层的持液量不变，该区域称为恒持液量区。此时 Δp 与 u 的关系近似为一直线，且基本上与干填料压降线平行。

b. 当气速超过 A 点时，气体对液膜的曳力较大，对液膜流动产生阻滞作用，使液膜增厚，填料层的持液量随气速的增加而增大，此现象称拦液。开始发生拦液现象时的空塔气速称为载点气速，曲线上的转折点 A 称为载点。

c. 气速继续增大到 B 点时，由于液体不能顺利流下，使填料层的持液量不断增大，填料层内几乎充满液体。气速增加很小便会引起压降的剧增，此现象称为液泛。开始发生液泛现象时的空塔气速称为泛点气速。曲线上的点 B 称为泛点，从载点到泛点的区域称为载液区，泛点以上的区域称为液泛区。泛点气速是填料塔正常操作气速的上限。

② 液泛。在泛点气速下，持液量的增多使液相由分散相变为连续相，而气相则由连续相变为分散相，此时气体呈气泡形式通过液层，气流出现脉动，液体被大量带出塔顶，塔的操作极不稳定，甚至会被破坏，此种情况称为淹塔或液泛。影响液泛的因素很多，如填料的特性、流体的物性及操作的液气比等。

填料特性的影响集中体现在填料因子上。填料因子 ϕ 值在某种程度上能反映填料流体力学性能的优劣。实践表明，ϕ 值越小，液泛速度越高，即越不易发生液泛。

流体物性的影响体现在气体密度、液体的密度和黏度上。因液体靠重力流下，液体的密度越大，则泛点气速越大；气体密度越大，液体黏度越大，相同气速下对液体的阻力也越大，故均使泛点气速下降。

操作的液气比愈大，则在一定气速下液体喷淋量愈大，填料层的持液量增加而空隙率减小，故泛点气速愈小。

③ 持液量。在进行填料支承板强度计算时，要考虑填料本身的重量与持液量。持液量小则气体流动阻力小，到载点以后，持液量随气速的增加而增加。

持液量是由静持液量与动持液量两部分组成的。静持液量指填料层停止接受喷淋液体并经过规定的滴液时间后，仍然滞留在填料层中的液体量，其大小决定于填料的类型、尺寸及液体的性质。动持液量指一定喷淋条件下持于填料层中的液体总量与静持液量之差，表示可以从填料上滴下的那部分液体，亦指操作时流动于填料表面的液体量，其大小不但与填料的类型、尺寸及液体的性质有关，而且与喷淋密度有关。持液量一般用经验公式或曲线图估算。

3.2 吸收解吸装置的开车

3.2.1 目标与要求

3.2.1.1 知识目标

① 了解开车前吸收解吸系统应具备的条件。

② 理解吸收解吸系统开车（停车）操作规程。

③ 理解影响吸收解吸操作的因素。

④ 掌握需要控制的主要工艺参数（温度、吸收剂流量、压力、液位）。

⑤ 掌握安全生产相关要求：

a. 氮气置换；

b. 超压危险。

⑥ 了解压缩机分类及工作原理。

3.2.1.2 能力目标

（1）具备开车准备相关常识

① 设备管道清洗、设备气密性检查。

② 试压、置换、设备钝化。

（2）按照操作规程能进行吸收解吸装置开车

① 了解系统物料性质。

② 了解本系统控制的特殊要求。

③ 识读现场工艺流程图和 DCS 图。

④ 能复述吸收解吸工艺流程及各设备的作用。

⑤ 会进行典型设备（压缩机）的启动、停车及切换操作。

⑥ 熟悉开车程序。

（3）能平稳调控工艺参数

① 熟记本系统工艺指标和质量指标。

② 能正确进行仪表由手动切换自动的操作。

3.2.1.3 学生工作页

<table>
<tr><td colspan="2">姓名：</td><td>班级：</td><td colspan="2">组别：</td><td>指导教师：</td></tr>
<tr><td>课程名称</td><td colspan="5">分离纯化技术</td></tr>
<tr><td>项目名称</td><td colspan="5">石油裂解气的分离</td></tr>
<tr><td>任务名称</td><td colspan="3">3.2吸收解吸过程的开车(以 C_6 油为吸收剂分离气体混合物中的 C_4 产品)</td><td>工作时间</td><td>6学时</td></tr>
<tr><td>任务描述</td><td colspan="5">正确理解吸收解吸开停车应具备的条件及程序。对工艺流程、设备操作要领、阀门位置相当熟悉,理解控制方案。具备一定的开车安全知识,能规范进行开车操作</td></tr>
<tr><td>工作内容</td><td colspan="5">(1)能简述吸收解吸系统工艺流程及设备作用;
(2)能简述吸收解吸系统的开车程序及开车前应具备的各种条件;
(3)按照操作规程进行平稳开车操作;
(4)能够对开车过程中出现的一般异常问题进行分析解决</td></tr>
<tr><td rowspan="7">项目实施</td><td rowspan="4">参考资料</td><td>《化工仪表及自动化》等</td><td colspan="3">工艺参数控制方案的构成</td></tr>
<tr><td>《化工原理》等</td><td colspan="3">单台设备如压缩机、泵及冷凝器的操作</td></tr>
<tr><td>《化工分离设备》等</td><td colspan="3">填料塔、筛板塔、压缩机结构、特点</td></tr>
<tr><td>网络资源、其他</td><td colspan="3"></td></tr>
<tr><td>教师
指导要点</td><td colspan="4">(1)吸收解吸原理的要点及装置的构成(回忆总结);
(2)吸收解吸系统专用设备结构、作用及操作要点;
(3)所用吸收剂和吸收质的物化性质;
(4)工艺指标、质量指标及影响产品质量的因素;
(5)说明开车过程中注意事项</td></tr>
<tr><td>学生工作</td><td colspan="4">(1)熟记本吸收解吸系统的工艺指标和质量指标;
(2)掌握吸收解吸系统各设备、阀门的作用及操作要点;
(3)练习吸收解吸开车操作;
(4)作业:考虑吸收解吸系统的任务及吸收解吸系统开车如何做到又快又稳?</td></tr>
<tr><td>评议优化</td><td colspan="4">(1)以小组为单位,讨论开车操作心得,组内统一认识,得小组操作经验总结;
(2)小组间探讨,疑问提交教师;
(3)教师解答并引导学生完善开车操作;
(4)开车考核</td></tr>
<tr><td>学习心得</td><td colspan="5"></td></tr>
<tr><td>评价</td><td>考评成绩</td><td></td><td>教师签字</td><td></td><td>日期</td></tr>
</table>

3.2.1.4 学生成果展示表

<table>
<tr><td>姓名：</td><td>班级：</td><td>组别：</td><td>成果评价：</td></tr>
<tr><td colspan="4">一、填空
1.吸收解吸系统开车前应具备的条件是________________。
2.吸收解吸系统需控制的基本工艺参数有________、________、________、________。
3.吸收塔一般采用________,此种塔盘的特点是________________。
4.解吸塔一般采用________________,此种塔盘的优缺点是________________。
5.吸收剂量不足的原因有________________________________。
6.气体压缩机的类型有________________、________________。
7.吸收塔液封如何调节________________,封液过高会________________,封液过低会________________。
8.吸收塔温度偏高的原因有________________________________。
9.气体压缩机的特点是________________________________。
10.吸收解吸系统停车步骤包括________________________________。
二、问答题
1.简述吸收解吸系统开车程序。
2.详细叙述气体压缩机如何启动?
3.填料塔液泛的现象、原因及如何处理?</td></tr>
<tr><td>自我评价
任务完成情况</td><td colspan="3"></td></tr>
</table>

3.2.2 知识提炼与拓展

3.2.2.1 开车应具备的条件

(1) 现场公用设施及设备应具备的条件

① 开车现场的安全要求：地面平整，安全通道及操作道路通畅。无关操作的构件一律拆除。

② 开停车操作通用规则：无安装、检修垃圾、废旧物质，设备表面无油污、无灰垢；设备保温良好。做好安全工作及“三查”、“四定”、“三同时”。

③ 安全防毒及消防器材：防毒器材定置摆放，灵活、安全待用。各种灭火器定置摆放完好无损，各消防水带、水枪齐全完好。

④ 照明及电源：操作现场照明灯及电源良好，检修所用液位计、所用安全灯及电源符合安全生产要求，照明充足良好。

⑤ 操作工机具：开车所用的“F”扳手定置摆放，听棒齐备。各操作报表、记录齐全。维修和维护所用的工具完好无缺。

⑥ 冷却水：检查各种泵、各类转动轴封、轴瓦、轴承使用的冷却水进出口阀开启，水流通畅。冷却水压力正常，无泄漏、无堵塞。

⑦ 防冻：冬季易存水的管道、阀门、容器设备、泵等零部件在其停车或备车状态下，勤检查采取防冻措施（放干吹净，勤盘车，多排放，保温加热等），防止结冰冻坏设备。

⑧ 检查转动设备：

a. 检查转动设备及电机基础地盘、基础，地脚螺栓不松动，无震动、无垃圾污垢。

b. 检查转动设备靠背轮、弹性联轴器的连接螺母不松动。

c. 检查转动设备的围栏、靠背轮护罩完好，护罩（电机或设备）上标注的转动方向与实际相一致。

d. 检查润滑状况，即各油杯、油盒、油箱及各油枪注油点润滑充足，油位保持在1/2处；机体内使用刮油勺或甩油杯的转动润滑部位保持旋转润滑良好；检查各润滑油、加油点油品质符合设计要求，否则更换油。

e. 检查泄漏情况：各类泵泵体、轴密封填料、吸入阀、排出阀，其动、静漏点应在规定范围内，必要时压紧螺母防止泄漏。

打开检查泵体吸入阀、排出阀阀头无脱落，并检查吸入、排出管道、阀门压力表无异常。排出管道上的止逆阀不内漏。

⑨ 温度计完好：测量电机温度、设备轴瓦温度的温度计完好、准确无误。

⑩ 电器检查：通知电工并协调检查电机绝缘、接地线，现场及控制室内的远距离开关、按钮、指示灯、继电器、电流、电压表、报警器、联锁开关准确好用。直流电机启动。

（2）开车前应具备的条件

① 系统的试漏检查。打开系统内部连通的阀门，关闭下列与外界相连的阀门：

a. 吸收塔富气接收阀。

b. 解吸塔顶部至吸收塔的气体接收阀。

c. 吸收塔系统、解吸塔系统各槽放空阀及塔顶压力调节放空阀。

d. 富气出口阀。

e. 吸收液接收阀。

f. 系统设备之间的连接阀（开放空阀）。

g. 解吸塔的釜液送出阀及辅助物料的接收阀。

h. 系统用氮气充压至50kPa，用肥皂水检查各设备、管道的连接法兰、焊缝，不漏为合格。

② 联动试车（水试车）。在系统试漏合格的基础上，进行运转。

a. 关闭各倒空阀、取样阀、放空阀，切断与外部的联系，内部连通阀门全部打开。

b. 从吸收液泵入口倒空阀处接胶管启动吸收液泵，向系统加水，手动打开吸收塔液位调节阀向解吸塔加水，控制室将阀开度分别定在0、50%、100%三个位置，现场观察阀位是否与控制室设定一致。

c. 釜液循环槽有液位后，观察控制室液位指示是否与现场玻璃管液位计一致，液位达到50%后，启动解吸塔釜液泵向吸收塔加水。

d. 观察控制室吸收塔液位指示是否与现场玻璃管液位计一致。将吸收塔液位记录调节器调向自动，打起“8”字循环，关闭吸收液泵入口倒空阀，停止向系统加水。

e. 调整进吸收塔流量指示和进入解吸塔流量指示，观察其流量是否可在全量程范围内调节。若无问题，调整流量到正常值。

f. 打开分离器及液面调整器加液阀，检查管道是否畅通，玻璃管液位计是否有指示，无问题后关闭加液阀。

g. 控制室手动调节吸收塔压力记录调节阀，吸收塔气体缓冲槽压力记录调节阀，解吸塔中温度记录调节阀，气体缓冲槽压力记录调节阀，将阀开度定在不同位置，现场观察各阀位是否与控制室设定一致，协调一致为合格。

h. 检查各调节阀、设备、仪表均正常工作，无问题后，停各循环泵，倒空系统内水。

3.2.2.2 吸收解吸装置的开车

以低温醋酸乙烯混合液作吸收剂，回收放空气体中的乙炔为例，说明吸收解吸装置的开车，流程简图见图 3-8，其中吸收塔的夹套通冷冻盐水降温。

放空气体中主要成分为原料乙炔 95%、乙醛 0.4%、惰性组分氮气 4.5%、二氧化碳等，乙炔和乙醛在低温吸收剂中的溶解度较大，而进入吸收液中，而氮气、二氧化碳从吸收塔尾气中排放。低温吸收液进入解吸塔加热解吸，使吸收剂与溶质分离。

(1) 系统的氮气置换

① 系统试漏合格后，维持系统压力，在以下各点放空。

a. 气体压缩机出口放空阀。

b. 吸收塔泵入口总排液阀。

c. 解吸塔入口总排液阀。

d. 吸收塔、解吸塔顶部放空阀。

e. 气液分离器总排液阀。

f. 送出富气在下一工段的取样阀。

② 在回收富气管道取样阀处取样分析氧含量小于 1%为合格，关闭各放空阀，保压，待导入富气。

(2) 吸收塔、解吸塔加液循环

① 打开吸收液泵前加液阀，接收吸收液。

② 打开吸收塔液位调节阀及前后阀，向解吸塔加液。

③ 釜液循环槽液位加至 50%。

④ 启动解吸塔泵向吸收塔和吸收塔釜液槽达 1/2 以上后，停止加液，关闭各加液阀，将吸收塔液位控制投自动。

⑤ 调节各流量至规定值，正常循环。

⑥ 打开吸收塔夹套及釜液热交换器的冷却盐水入出口阀，控制温度。

⑦ 循环正常后，打开解吸塔顶辅助溶剂接收阀，接收辅助溶剂。

⑧ 解吸塔接收蒸汽，中温稳定后，调节吸收塔压力。

(3) 启动风机

① 打开气体封液阀，打开封液冷却夹套盐水进出口阀。

② 调节通氮气量，使气体缓冲槽压力在 2kPa，解吸塔压力在 1kPa。

③ 启动吸收塔气体压缩机，调节封液量。

(4) 导入富气

① 调节塔釜热交换器的盐水量，控制吸收液的温度在0℃左右。

② 逐渐打开气体缓冲槽的气体接收阀，控制吸收塔气体缓冲槽压力调节阀使其稳定，逐渐关闭吸收塔、解吸塔两处的氮气。

③ 富气导入完毕，调节封液冷却套管盐水量，使封液的温度在0℃左右，解吸塔压缩机封液温度在5℃左右。

④ 稳定解吸塔中温在规定值。

⑤ 解吸塔顶放空处取样分析富气含量合格后，将富气导入下一工段。

3.2.2.3 吸收解吸装置的停车

① 关闭接收贫气阀，关闭富气送出阀。

② 停止解吸塔再沸器加热蒸汽，将中温调节阀前后阀关闭，回水盒开旁通。

③ 关闭各盐水进出口阀，防止冻结。

④ 停止气体压缩机的运转。

⑤ 打开吸收液送出阀，打开液位调节阀的旁通阀，关闭进吸收塔流量指示前后阀，将吸收液全部送罐场。

⑥ 倒空釜液缓冲槽内的反应液。

⑦ 停止吸收泵、解吸泵的运转。

⑧ 在吸收泵、解吸泵、气体压缩机排液阀处倒空吸收剂。

⑨ 从吸收泵入口倒空处接胶管加水，按正常循环进行水洗。水洗1h后放水，再加水洗涤，反复数次，直至放水无味为止，倒空水。

⑩ 氮气置换（操作同开车前氮气置换）。当分析系统内富气含量小于1%时，置换合格，停止置换。

3.2.2.4 开停车注意事项

① 严格按操作规程进行开停车，认真交接班，阀门开关状态要正确，严防跑料、串料。

② 根据公司制订的开停车计划，分厂、车间及工段逐级制订详细的开停车计划、详细的安全措施及防冻措施，由车间主任、工段长、技术员组织实施

③ 开停车期间各岗位认真做好安全防护工作、物料全部回收，加强环境保护工作，严防安全、污染事故发生。

④ 管路吹除时要干净彻底，防止串料，注意做好防冻工作；按照制订的详细吹管计划，分别送达各相关单位，管理职能部门及岗位人员做好监督工作，保证各管线的畅通。

⑤ 停车水洗废液进行统一收集，统一安排处理。

⑥ 氮气置换要彻底，保证各死角合格。

⑦ 值班长负起管理责任，在开停车过程中每小时记录一次氮气的压力，力争节约使用氮气，保证开停车的顺利进行。

⑧ 大设备停、送电必须按照规定开具送、停电工作票。密闭容器必须按照公司规定落实清扫、封闭作业措施。

⑨ 严格执行工艺纪律、劳动纪律，穿戴好劳保用品，杜绝三违。

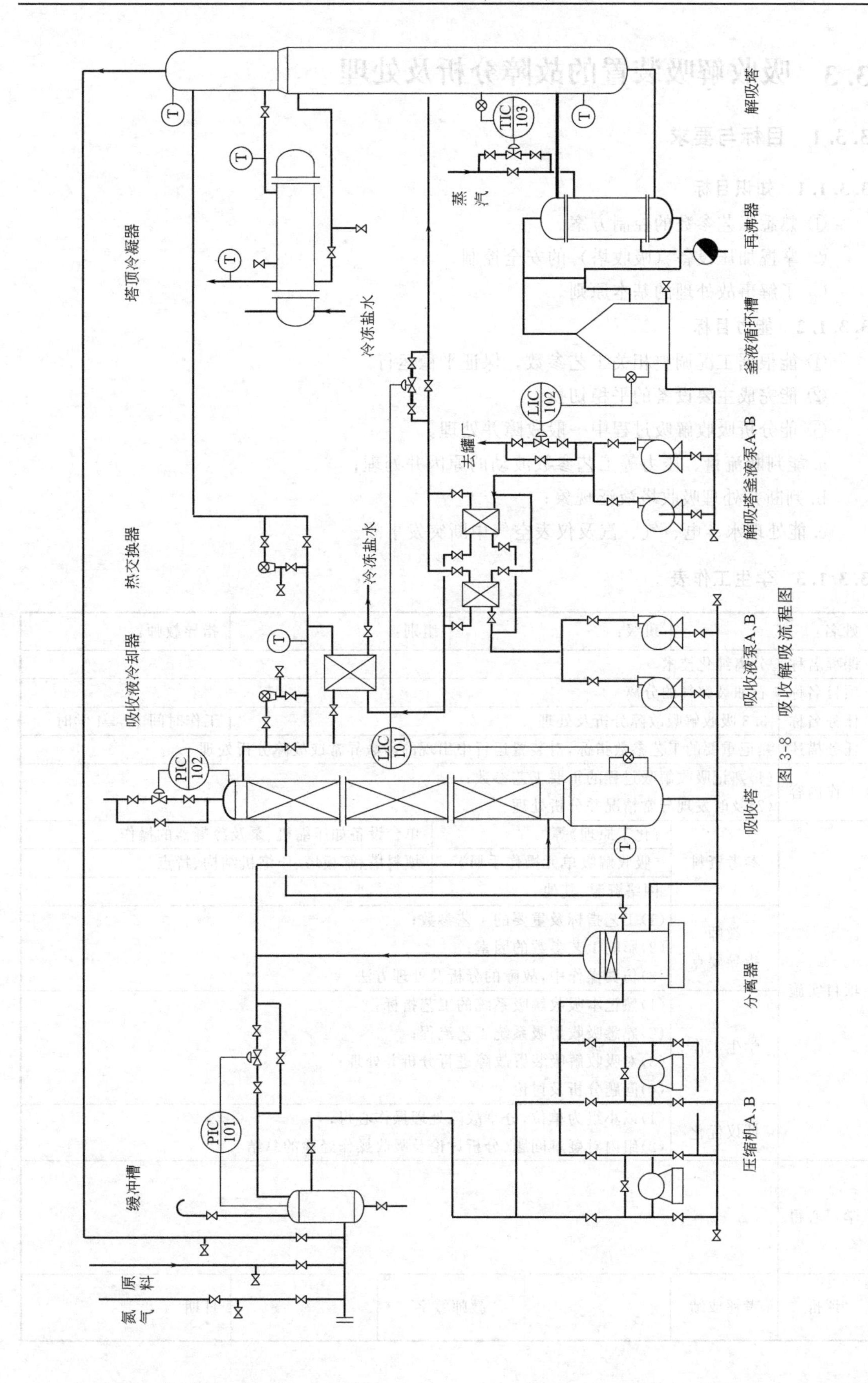

解吸塔
TIC 103
T
蒸汽
再沸器
釜液循环槽
LIC 102
去罐厂
解吸塔釜液泵A、B
塔顶冷凝器
冷冻盐水
热交换器
冷冻盐水
吸收液冷却器
LIC 101
吸收液泵A、B
PIC 102
吸收塔
分离器
PIC 101
压缩机A、B
缓冲槽
原料
氮气

图 3-8 吸收解吸流程图

3.3　吸收解吸装置的故障分析及处理

3.3.1　目标与要求

3.3.1.1　知识目标

① 熟悉工艺参数的控制方案。

② 掌握加压设备（吸收塔）的安全控制。

③ 了解事故处理的基本原则。

3.3.1.2　能力目标

① 能根据工况调整相关工艺参数，保证平稳运行。

② 能完成主要设备的平稳切换。

③ 能分析吸收解吸过程中一般故障并处理。

a. 能判断流量、压力等工艺参数波动的原因并处理；

b. 判断并处理吸收塔液泛现象；

c. 能处理水、电、气、汽及仪表空气中断突发事故。

3.3.1.3　学生工作表

<table>
<tr><td colspan="2">姓名：</td><td colspan="2">班级：</td><td>组别：</td><td>指导教师：</td></tr>
<tr><td>课程名称</td><td colspan="5">分离纯化技术</td></tr>
<tr><td>项目名称</td><td colspan="5">石油裂解气的分离</td></tr>
<tr><td>任务名称</td><td colspan="3">3.3吸收解吸故障分析及处理</td><td>工作时间</td><td>4学时</td></tr>
<tr><td>任务描述</td><td colspan="5">熟记重要的工艺参数指标,对装置运行中出现的参数异常或故障分析处理</td></tr>
<tr><td>工作内容</td><td colspan="5">(1)熟记吸收解吸过程的重要工艺参数;
(2)及时发现异常情况并分析处理</td></tr>
<tr><td rowspan="6">项目实施</td><td rowspan="3">参考资料</td><td>《化工原理》等</td><td colspan="3">单台设备如压缩机、泵及冷凝器的操作</td></tr>
<tr><td>《吸收解吸单元操作手册》</td><td colspan="3">填料塔、筛板塔、压缩机结构、特点</td></tr>
<tr><td>网络资源、其他</td><td colspan="3"></td></tr>
<tr><td>教师
指导要点</td><td colspan="4">(1)工艺指标及重要的工艺参数;
(2)影响工艺参数的因素;
(3)仿真操作中,故障的分析及处理方法</td></tr>
<tr><td>学生工作</td><td colspan="4">(1)熟记本吸收解吸系统的工艺指标;
(2)熟悉吸收解吸系统工艺流程;
(3)对吸收解吸装置故障进行分析并处理;
(4)问题分析及讨论</td></tr>
<tr><td>评议优化</td><td colspan="4">(1)以小组为单位,分享故障处理操作心得;
(2)组内对疑难问题、分析讨论及吸收操作经验的总结</td></tr>
<tr><td>学习心得</td><td colspan="5"></td></tr>
<tr><td>评价</td><td>考评成绩</td><td></td><td>教师签字</td><td></td><td>日期</td></tr>
</table>

3.3.1.4 学生成果表

姓名：	班级：	组别：	成果评价：
1. 如果吸收塔操作不当，可能产生哪些不正常现象，使塔无法工作？ 2. 气体压缩机打不上量的现象、原因分析及处理措施有哪些？ 3. 吸收液量低的原因分析及处理措施有哪些？ 4. 造成液泛或淹塔的主要原因有哪些？ 5. 要提高吸收液的浓度有什么办法（不改变进气浓度）？考虑这时又会带来什么问题？ 6. 尾气含量不合格，试分析可能的原因。			
自我评价 任务完成情况			

3.3.2 知识提炼与拓展

3.3.2.1 事故处理的原则和依据

3.3.2.1.1 紧急停电、停水、停蒸汽及停仪表用空气的处理原则

(1) 短时间停车

按紧急事故停车处理，但系统存料，主要操作有：

① 关进料阀，关出料阀；

② 关放空阀保压，压力低时，可充氮维持正压；

③ 手动关产品送出阀；

④ 关蒸汽阀；

⑤ 关回流阀；

⑥ 关泵出口阀；

⑦ 关盐水设备各进出口阀；

⑧ 其他恢复至停车状态。

(2) 长时间停车

按正常停车处理，系统具备停车检修状态。

3.3.2.1.2 正常操作情形下出现的局部问题

① 运转设备停运：先启动备用设备，然后联系电工处理。

② 冷却水回水温度高，关进口阀，开出口阀和进料倒空阀进行反冲洗，处理管线堵的问题。

③ 外接冷却水也可解决冷却水回水温度高的问题。

④ 运转设备（泵、压缩机）打不上量的问题：主要是进料温度高、封液量小或温度高。

⑤ 仪表指示不准或无指示，则物料走旁通，关前后阀，联系仪表人员进行处理。

3.3.2.1.3 正常操作中出现的质量问题

① 寻找工艺指标不符的控制点，进行原因分析。

② 利用鱼刺图原理，从人、机、料、法、环五个方面进行综合分析，查找可能的影响因素。再用排列图、直方图、折线图等质量分析方法，找出关键影响因素。

③ 对关键影响因素进行重点解决，达到质量指标。

3.3.2.2 正常生产时故障分析及处理

(1) 压缩机送气量小或有杂音

原因：① 封液循环水少或流量大。

处理：加大封液循环量。

② 叶轮与泵壳间隙。

③ 叶轮结垢或损坏。

④ 电机轴承损坏。

处理：切换压缩机或停车由维修处理。

⑤ 自动调节失灵。

处理：找仪表检修。

⑥ 乙炔气温度过高。

处理：降低乙炔温度。

（2）转子流量计浮不上去

原因：① 水压或气压小。

处理：在允许范围内调节水压和气压。

② 管路或阀门堵塞。

处理：找维修工处理，必要时需停车处理。

③ 出口阀未开或阀芯脱落。

处理：找维修工处理，必要时停车。

④ 转子失灵或卡住。

处理：检查转子或找仪表工处理。

（3）吸收解吸系统常见问题

① 吸收塔顶富气含量高（吸收液富气含量低）。

原因：a. 吸收液质量不好，长时间不更换。

处理：更换吸收液。

b. 吸收液温度高，冷却水循环量少。

处理：开大冷却水，降低冷却水温度。

② 吸收塔顶部压力高。

原因：a. 质量不好。

处理：更换吸收液。

b. 吸收液温度高。

处理：开大冷却水，降低冷却水温度。

c. 吸收液循环量小。

处理：提高吸收液循环量。

d. 充氮量大。

处理：关小各工序的氮气阀。

项目四　氨基乙酸结晶提纯

结晶是无机化工、精细化工和制药化工生产中常见的单元操作，是获得纯净固体的重要方法之一。在工业生产中，结晶过程常用于从溶液，特别是水溶液中结晶。把结晶作为获得纯净固体的一种分离纯化手段，结晶的物质是溶质。但当水溶液浓度很低时，降温会导致水冻结，这也是结晶过程，结晶的物质是溶剂，显然这是把结晶作为浓缩溶液的一种手段，一般将它称为冷冻浓缩。

凡是从均相中析出固体物质的过程称为结晶。例如由蒸气变为固体颗粒，液体熔化物的凝固以及液体溶液中析出晶体等。

氨基乙酸又称为甘氨酸，是重要的食品添加剂，其产品主要是固体结晶形态，其结晶过程可以在水溶液中进行。

作为结晶岗位的操作控制人员，应熟悉结晶装置的流程，理解并按照安全操作规程进行开停车操作，对生产中出现的问题能分析处理，才能做到安全生产。因此选取氨基乙酸水溶液结晶作为项目，对学生进行综合训练，任务分解情况见下表。

项目	任务	学习场所	参考学时
氨基乙酸水溶液结晶	氨基乙酸结晶实验	工艺实训室 多媒体教室	8
	结晶装置运行实训	分离纯化实训室	16(实训周)

4.1　氨基乙酸结晶实验

4.1.1　目标与要求

4.1.1.1　知识目标

① 熟悉溶解度特性。

② 掌握溶解度表示方法和单位。

③ 掌握结晶过程的物料衡算。

④ 掌握溶液浓缩方法。

⑤ 掌握饱和度与过饱和度的概念及曲线。

⑥ 理解晶体粒度影响因素。

4.1.1.2　能力目标

① 会溶解度资料查阅途径。

② 会识读溶解度曲线图。

③ 能按蒸发、冷却和真空冷却途径实现过饱和。

④ 能控制过饱和度。

⑤ 能控制晶体粒度。

⑥ 会进行结晶过程的物料计算和收率计算。

4.1.1.3 学生工作页

<table>
<tr><td colspan="2">姓名：</td><td>班级：</td><td colspan="2">组别：</td><td>指导教师：</td></tr>
<tr><td>课程名称</td><td colspan="5">分离纯化技术</td></tr>
<tr><td>项目名称</td><td colspan="5">氨基乙酸水溶液结晶</td></tr>
<tr><td>任务名称</td><td colspan="3">4.1 氨基乙酸结晶实验</td><td>工作时间</td><td>8 学时</td></tr>
<tr><td>任务描述</td><td colspan="5">将粗氨基乙酸水溶液进行缓慢蒸发、冷却结晶，得到粒度均匀且较大的氨基乙酸晶体；抽滤、称量，计算结晶收率；分析影响晶体质量的因素</td></tr>
<tr><td>工作内容</td><td colspan="5">(1)分别称量一定量 $NaCl$、Na_2SO_4 和氨基乙酸，在烧杯中于室温下用水溶解，记录用水量；
(2)将上述溶液混合后配成稀溶液；
(3)将溶液进行缓慢蒸发、冷却结晶，得到颗粒较大且较纯净晶体，并记录；
(4)进行计算与质量分析</td></tr>
<tr><td rowspan="7">项目实施</td><td rowspan="4">查阅资料</td><td colspan="2">《化工分离技术》等</td><td colspan="2">溶解度、过饱和度、结晶概念</td></tr>
<tr><td colspan="2">《化学工程手册》等</td><td colspan="2">浓缩和过饱和途径</td></tr>
<tr><td colspan="2">《化学工程师简明手册》等</td><td colspan="2">溶解度数据</td></tr>
<tr><td colspan="2">网络资源</td><td colspan="2">溶解度数据</td></tr>
<tr><td>教师指导要点</td><td colspan="4">(1)溶解度与结晶推动力；
(2)溶解度曲线及过溶解度曲线；
(3)结晶形成过程；
(4)结晶条件的选择与控制；
(5)相关概念：过饱和系数、介稳区、晶核、晶簇、晶糊</td></tr>
<tr><td>学生工作</td><td colspan="4">(1)查阅 NH_4Cl、Na_2SO_4 和氨基乙酸在水中的溶解度数据，并记录；
(2)分别称量 2g NH_4Cl、2g Na_2SO_4 和 15g 氨基酸，在烧杯中于室温下用水溶解，记录用水量；
(3)将上述溶液混合后加水 10mL，配制稀溶液；
(4)将溶液先蒸发、后冷却结晶，并记录时间、温度、现象；
(5)抽滤、称量，计算结晶收率；
(6)归纳本次操作，总结不足和经验。
思考：工业生产中，氨基乙酸水溶液中氯化铵浓度较高，为防止氨基乙酸晶体中混有氯化铵晶体、保证纯度，采用什么措施</td></tr>
<tr><td>评议优化</td><td colspan="4">(1)以小组为单位，评议实验过程和结果；
(2)小组间讨论、评议，疑问提交教师；
(3)教师解答并完善实验总结</td></tr>
<tr><td>学习心得</td><td colspan="5"></td></tr>
<tr><td>评价</td><td>考评成绩</td><td></td><td>教师签字</td><td></td><td>日期</td></tr>
</table>

4.1.1.4 学生成果表

姓名：	班级：	组别：	成果评价：

一、填空

1. 结晶过程可以分为________、________、________和________。

2. 溶液结晶的推动力是________，熔融结晶的推动力是________。

3. 在过溶解度曲线图上，溶解度曲线和过溶解度曲线将浓度-温度图分为三个区。溶解度曲线以下区域为________，不能产生________。过溶解度曲线以上区域为________，此区域称为________，溶液能自发产生________。在两曲线之间为________区，在该区域不会自动________，但此区域向溶液中加入晶种，则晶种会________。

4. 一个特定物系溶解度曲线是确定的，但过溶解度曲线位置受诸多因素影响，是________曲线。

5. 溶液结晶过程包括两步，即________和________。

6. 溶液结晶后的混合物称为________，包含晶体和母液，通常需用搅拌等方法将晶体________在液相中，以促进结晶的进行。

7. 在过饱和度过大，初级成核速率________，晶核数量和粒度分布________，因此工业结晶过程要避免发生初级成核。

8. 溶液产生过饱和的途径有________、________和________。对应的结晶方法有________结晶、________结晶和________结晶。

9. 工业上希望得到________晶体，以便于________、________且纯度________。要得到颗粒较大且均匀的晶体，应控制溶液在________区（即过饱和度________，蒸发或冷却速度要________），适时加入________，并搅拌，但搅拌速度要________。

二、回答问题

1. 结晶过程的原理是什么？结晶分离有什么特点？

2. 溶液中晶核产生的条件是什么？成核方式有哪些？

3. 简述概念：溶解度（单位）、过饱和度、介稳区、晶种。

4. 工业生产中，氨基乙酸的水溶液中含有较多的氯化铵，结晶操作中加入甲醇的作用是什么？

5. 产生过饱和的途径有哪几种？各适用哪些物质的结晶？

6. 试给出几种常用的工业起晶方法，并说明维持晶体生长的条件。

7. 重结晶的目的是什么？重结晶的操作步骤有哪些？

4.1.2 知识提炼与拓展

晶体是具有整齐规则的几何外形、固定熔点和各向异性的固态物质，结晶是固体物质以晶体状态从蒸汽、溶液或熔融物中析出的过程。结晶过程可以分为溶液结晶、熔融结晶、升华结晶和沉淀结晶四类，在化学工业中常遇到的是从溶液或熔融物结晶的过程。

相对于其他化工分离过程，结晶过程有如下特点：

① 能从杂质含量相当多的溶液或多组分的熔融混合物中，分离出高纯度或超纯的晶体。

② 对于许多难分离的混合物系，如同分异构体、含热敏性物系，其他分离认识方法难以奏效时，适合采用结晶分离。

③ 与精馏、吸收等分离方法相比，结晶过程能耗低得多。同时，结晶温度较低，对设备材质要求低，操作相对安全。

④ 结晶是一种很复杂的操作过程，涉及传质、传热和表面反应过程。还要考虑晶体粒度和粒度分布问题。

4.1.2.1 溶质的溶解度与过饱和度

在一定的温度下，溶质在溶剂中的溶解能力称为溶质的溶解度。溶解度通常以 100kg 溶剂最多能溶解的溶质质量来表示。该溶液达到了饱和状态，所以也称溶解度为饱和浓度。工业上有时也用溶质的摩尔分数表示溶解度。

与其本身的化学性质、溶剂的性质和温度有关。溶质和溶剂一定时，溶解度主要是温度的函数。大多数物质的溶解度随温度的升高而增大，也有物质对温度变化不敏感，随温度变化不大，还有少数物质的溶解度随温度升高而下降。溶解度数据可以查找《化学工程手册》等工具书。压强对溶解度的影响一般可以忽略不计。因此，溶液的固-液相平衡可以温度为横坐标，浓度为纵坐标表示。一般的溶解度曲线形式，如图 4-1 所示。

溶质在溶液中的浓度大于其溶解度是结晶操作的必要条件，但不是充分条件。理论上，在任一温度下，溶液浓度超过溶解度曲线就有固体溶质析出。或者，在处于溶解度曲线状态下的溶液，只要温度降低，也会有固体溶质析出。但实际上，把不饱和溶液用冷却浓缩方法使其略呈过饱和状态，一般并无结晶析出。

只有继续冷却到某种过饱和状态，才析出结晶。这个界限就是过饱和度，过饱和度组成过溶解度曲线，如图 4-2 所示。过溶解度曲线不像溶解度曲线具有确定的再现性，它受很多条件的影响而在一定范围内变化。过溶解度曲线在结晶操作中具有很重要的意义。

溶解度曲线 SS 和过溶解度曲线 TT 将不同浓度溶液分成三个区域。

稳定区。在溶解度曲线以下的区域是不饱和溶液，溶液的状态是稳定的。

不稳区。在过溶解度曲线上方的区域为过饱和区域，是不稳定区域，该区域内溶液会自发起晶。

介稳区。TT 线与 SS 线之间的区域，也称亚稳区，此区域溶液不会自然起晶，会在相当长的时间内保持其过饱和状态；若加入晶种，则溶质在晶种上析出，使晶体长大。介稳区可以被 $T'T'$ 曲线进一步划分为刺激结晶区（靠近 TT 线）和养晶区（靠近 SS 线），刺激结晶区对应的溶液受到强剪切力刺激或晶体生长的诱导，会产生新晶核；养晶区对应的溶液不能产生新晶核，但能够促进晶体尺寸大于临界半径的晶体生长，同时促使小于临界半径尺寸的晶体溶解。

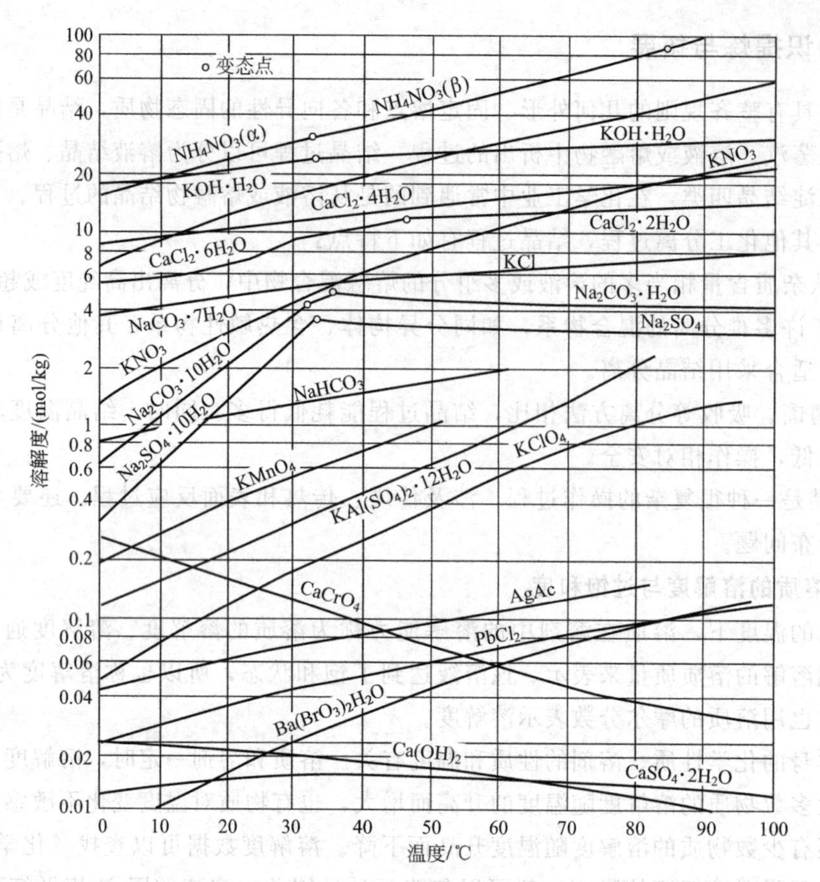

图 4-1　几种无机物在水中的溶解度曲线

根据溶解度曲线和过溶解度曲线就可以设计结晶操作的大致过程。例如，为了使处于稳定状态点（E）的溶液结晶，可以采用三种方法：直接降温（E-F-G）；直接蒸发（E-F'-G'）；先蒸发，再降温（E-F''-G''）。结晶过程所得晶体的大小和数目，受诸多因素影响，如是否加晶种、降温速率以及溶液流体力学条件等。

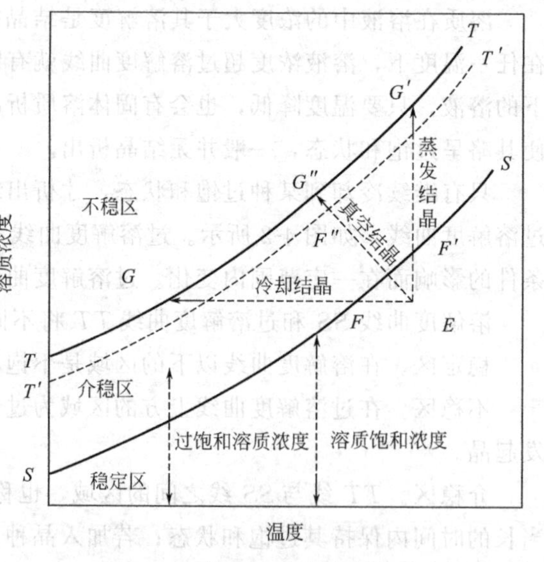

图 4-2　过溶解度曲线和介稳区

4.1.2.2　结晶动力学

（1）结晶过程

溶质从溶液中结晶出来，要经历两个步骤，首先要产生微观晶粒，称之为晶核，晶核是结晶成长的核心；其次是晶核长大成为宏观晶粒。以上两个阶段都必须有一个浓度差作为推动力，这个推动力就是溶液的过饱和度（或浓度差）。产生晶核的过程称为成核过程，晶核长大过程称为成长过程。过饱和度是结晶的重要参数，它的大小直接影响着晶核形成和晶体成长过程的快慢，而这两个过程的快慢又影响着结晶产品的粒度及粒度分布。

从溶液中结晶出来的晶粒和余留下来的溶液所构成的混合物称为晶糊（有时也称为晶浆），去除晶粒后余下的溶液称为母液。生产中通常采用搅拌或其他方法使晶糊中的晶粒悬在母液中，以促进结晶过程，因此晶糊是一种悬浮体。晶糊中的晶体在受到搅拌或循环流动过程中，难免会受到磨损而产生破碎的微粒。磨损或破碎产生的微晶也是一种晶核，因此磨损现象也对结晶操作有直接影响。

工业生产中，产生晶核的方法有以下三种。

① 自然起晶法。将溶液浓缩到较高的过饱和度，达到不稳定区，一般过饱和系数（溶液浓度与饱和浓度之比）在 1.4 以上，晶核便自然析出。这是一种较早的方法，生成的晶核数目不易控制，而且体系浓度高，黏度大，对流差，对结晶不利。目前工业上已很少应用。

② 刺激起晶法。将溶液浓缩到介稳区，相当于过饱和系数在 1.2～1.3，突然给予一个刺激，如改变温度、改变真空度、施以搅拌等，晶核便析出。这种方法的特点是起晶快，晶粒整齐；缺点是仍然不易控制晶核数目和大小。

③ 种子起晶法。将溶液保持在介稳区（较低的过饱和度）状态，投入一定大小和数量的纯净晶体（直径通常小于 0.1mm），溶液中过量的溶质便在晶种表面上析出，最后达到预期大小的晶体。这种方法生成的晶粒整齐，可以控制晶核数目和大小，故在工业上广泛应用。

一般将起晶过程分为一次起晶和二次起晶。一次起晶指系统中没有晶体的起晶，二次起晶指系统中已有晶体存在时的起晶。

（2）晶核的形成

溶液的过饱和是晶核产生的必要条件。晶核的自由能与晶核直径有着密切的关系，其关系如图 4-3 所示，由图可知，F 线具有极大值，对应于此极大值的晶核半径 r_c 称为临界半径。在此极大值左方，即当晶核半径小于 r_c 时，晶核半径越大，形成晶核所需的能量也越多。所以一旦晶核形成后，也还有重新溶解的趋势，半径在这个范围内的晶粒还不能起真正晶核的作用。相反，当粒径超过 r_c 之后，晶核半径越大，形成晶核所需的能量越小，所以此时的晶核是具有稳定性的晶核。

溶液的过饱和度发生变化时，晶核自由能相应发生变化，临界半径相应也变化。过饱和度越高，则临界半径越小。换言之，此时晶核形成的机会越大。

由热力学理论推出临界半径表达式如下：

$$r_c = \frac{2\sigma\Psi M}{\rho_s RT\ln(C/C_s)} \tag{4-1}$$

式中 r_c——临界半径，m；

σ——晶核与溶液之间的界面张力，N/m；

Ψ——晶核的形状系数；

ρ_s——晶核密度，kg/m^3；

R——通用气体常数，8.314J/(mol · K)；

T——温度，K；

M——溶质的相对分子质量；

C、C_s——溶液浓度和饱和浓度，C/C_s 称为过饱和系数。

对于一特定系统，临界半径主要取决于温度和过饱和系数。在介稳区晶核的临界半径很大，要在一个合理的时间内形成如此大小的晶核，其概率几乎为零。随着溶液过饱和系数逐渐增加，晶核临界半径随之变小，形成稳定晶核的机会逐渐增加。及至溶液浓度到达某一过饱和度，则晶核便会自发形成。晶核形成速率与过饱和系数的关系如图 4-4 所示。

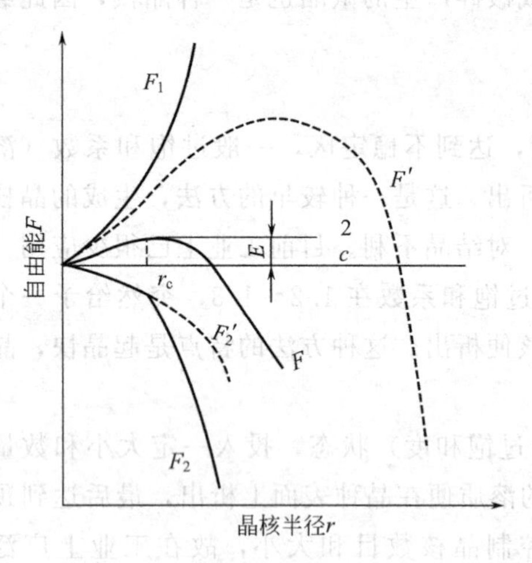

图 4-3　晶核直径与自由能变化

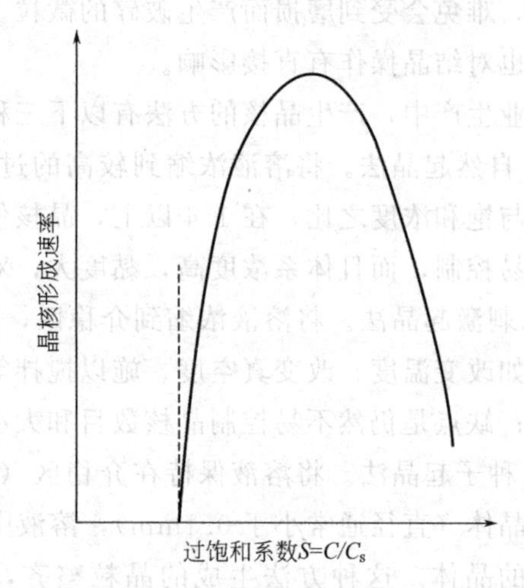

图 4-4　晶核形成速率与过饱和系数的关系

一次起晶操作时，对溶液过饱和度的控制精度要求过高，使晶核的生成速率不可能恰好适应结晶过程的要求。因此工业上一般应用晶种起晶法。

(3) 晶体的成长

晶核一旦在溶液中形成之后，便不断吸收溶质分子，并在空间按一定的晶格排列，晶体得以成长。晶体的成长过程，包含着热量传递和质量传递。溶质从溶液中析出时，一般放出热量（结晶热），多数情况下热量传递可以忽略不计，故晶体成长主要为质量传递过程。

按照扩散学说，晶体生长过程由三步组成：

① 溶质借扩散作用穿过固-液两相界面上的边界层，到达晶体表面，为一扩散过程；

② 到达晶体表面的溶质长入晶体，是一表面反应过程；

③ 结晶时放出的结晶热扩散回溶液中。这一步一般可忽略不计。

晶体生长可简化为扩散过程和表面反应过程的串联，其生长速度与溶质向晶面的扩散和晶面上的晶析反应有关。这两种作用构成了结晶过程的双重阻力，其控制步骤视操作条件而定。当扩散阻力为控制因素时，增加固体和溶液之间的相对速度（如加强搅拌）就会促进晶体的成长。但相对速度增加到一定限度后便无明显效果。温度对晶体成长速度也有影响。一般温度高时促进表面反应，利于晶体长大。

工业生产中，晶体数量和粒度取决于结晶操作条件的控制。一般而言，溶液过饱和度低时，晶核形成受抑制，而已形成的晶核则可成为大晶体。反之，过饱和度高时，因推动力大而不断产生新晶核，而已形成的晶核只能成为小晶体。

晶体的外形与成长条件有关。溶液过饱和度高时，晶体成长速度快，容易发生晶形变化，晶体变成针状或树枝状。原因是这种形状比表面较大，使结晶热易于扩散。

其他物质的存在也可能影响晶体的外形，称之为媒晶剂。溶液中和晶体共存的媒晶剂能在特定晶面上有吸附作用，一旦被吸附，不仅降低该晶面的成长速度，且晶体将成长为异形晶体。如食盐生产中，正常晶形为立方体，若添加微量铁氰化钾，就产生树枝状晶体。严格来说，溶剂本身也是杂质，所以同一溶质在不同溶剂中，可产生不同的晶形。

4.1.2.3 结晶条件的选择与控制

(1) 过饱和度

溶液的过饱和度是结晶的推动力，在较高的过饱和度下进行结晶，可提高结晶的速率和收率。但在工业生产中，过高的过饱和度会产生相应问题：成核速率过快，晶体细小；晶体成长过快，容易在晶体表面产生液泡，影响结晶质量；结晶器壁易产生晶垢，影响结晶操作；在混合体系中，产品纯度降低。因此，应根据具体的质量要求，确定适宜的过饱和度。

(2) 晶浆浓度

晶浆浓度升高，有利于溶质分子之间的碰撞聚集，可以获得较高的结晶速率和结晶收率。但晶浆浓度增加，溶液黏度和杂质浓度相应增加，悬浮液流动性差，产品纯度降低，对结晶是不利的；也可能造成晶体细小，甚至形成无定形沉淀。因此，晶浆浓度应在保证晶体质量的前提下尽可能取较大值。晶浆浓度的选择应考虑结晶温度，因为晶浆浓度与结晶温度是相互依存的关系，结晶温度越高，相应的晶浆浓度越大，反之亦然。

(3) 温度

许多物质在不同的温度下结晶，生成的晶形和晶体大小会发生变化，而且温度对溶解度有影响，可直接影响结晶收率。一般控制较低的温度且温度变化范围较小。但温度过低，晶浆黏度会增加，可能导致结晶速率变慢，因此，不同物质对应不同的适宜温度。

(4) 结晶时间

结晶时间包括过饱和溶液的形成时间、晶核的形成时间和晶体的成长时间。过饱和溶液的形成时间与方法有关，时间长短不同。晶核形成时间一般较短，而晶体生长时间一般较长。在生产过程中，晶体不仅逐渐长大，而且还要达到整晶和养晶的目的。结晶时间一般要根据产品性质以及产品的质量要求来选择。

(5) 搅拌与混合

增大搅拌速率，可提高成核速率，同时搅拌也有利于溶质的扩散和晶体成长；但搅拌过快会造成晶体的破碎，影响产品质量。工业生产中，为获得良好的混合状态，避免晶体破碎，一般通过大量实验来确定搅拌桨的型式和适宜的搅拌速度。

4.1.2.4 影响结晶产品质量的因素

结晶产品的质量指标主要包括晶体的大小、形状和纯度三个方面。工业上通常希望得到大而均匀的晶体。晶体过小，其比表面大，能够吸附较多杂质，造成产品纯度下降；晶粒过小使固液分离困难，产品收率降低。因此，较大的晶体有利于固液分离和洗涤，可保证产品纯度，且粗大均匀的晶体在储存过程中不易结块。影响产品质量的因素很多，主要有以下几个方面。

(1) 结晶速率的影响

若晶核形成速率远大于晶体成长速率，则晶核形成得快而多，晶体来不及长大，溶液浓度已降至饱和浓度，其结果是形成的晶体小而多。若晶核形成速率远小于晶体成长速率，结晶颗粒大而少。若两者接近，形成的结晶颗粒大小参差不齐。因此欲控制结晶粒度大小，主要是控制晶核的形成速率和晶体生长速率的相对大小。

结晶时如果过饱和度增加，可使成核速率和结晶生长速率增加，但成核速率增加更快，因而过饱和度过大，得到细小的晶体。当溶液快速冷却时，能达到较高的过饱和度，使晶体较小；反之，缓缓冷却，常可得到较大的晶体。当溶液温度升高时，使成核速率和结晶生长速率增加，但结晶成长速率增加更显著，因此过低结晶温度得到的晶体较细小。

一般不采用较高的过饱和度和过低的结晶温度，通常是控制在介稳定区，利用种子起晶法，采用适宜的搅拌速度，降低晶核形成速率，有利于晶体成长，从而得到较大颗粒的晶体。

(2) 结晶产率的影响

结晶的产率决定于溶液的起始浓度和结晶后的最终浓度，而最终浓度由溶解度决定。大多数物质的溶解度随温度降低而减小，结晶的产率随温度降低而增加。但温度降低，杂质的溶解度也降低，杂质随晶体一起析出的可能性增加，可能降低结晶产品的纯度。同时温度降低，增加溶液黏度，影响晶核运动，产生大量细微的晶体。

产率和纯度、粒径之间存在一定的矛盾。在纯度符合要求的前提下，力争较高的收率。但是为了保证一定的纯度，不可能将所需的物质全部结晶析出，因此工业生产中母液回收利用也是必须考虑的问题之一。

(3) 结晶操作条件的影响

母液纯度是影响结晶产品纯度的一个重要因素。溶液纯度越高，结晶越容易，结晶产品的纯度越高。因此，在结晶前需对溶液进行处理，以尽量减小杂质含量，如工业上常采用活性炭吸附杂质，再进行结晶。

结晶的分离和洗涤也是结晶过程中重要的操作之一，直接影响产品纯度和收率，晶体表面都具有一定的吸附能力，可将母液中的杂质吸附在晶体上，晶体越细小，吸附杂质越多；同理，若晶体中含有的母液未洗涤干净，当晶体干燥时，溶剂气化后，杂质会留在晶体中，造成结晶纯度降低。

当结晶速率过快时，除结晶细小外，还常发生若干晶体颗粒聚结在一起形成“晶簇”，“晶簇”可将母液等杂质包藏在内，不易洗去。结晶操作时，适度搅拌可防止“晶簇”形成。

4.2 结晶操作与控制

4.2.1 目标与要求

4.2.1.1 知识目标

① 了解结晶装置类型。

② 熟悉结晶装置构成及其各设备作用。

③ 熟悉结晶操作规程。

4.2.1.2 能力目标

① 会绘制结晶过程工艺流程图。

② 能简述各设备作用。

③ 能按操作规程进行真空蒸发、冷却结晶操作。

④ 能控制过饱和度与晶体粒度。

4.2.1.3 学生工作页

<table>
<tr><td>姓名：</td><td colspan="2">班级：</td><td colspan="2">组别：</td><td>指导教师：</td></tr>
<tr><td>项目名称</td><td colspan="5">氨基乙酸水溶液结晶</td></tr>
<tr><td>任务名称</td><td colspan="3">4.2结晶操作与控制</td><td>工作时间</td><td>16学时</td></tr>
<tr><td>任务描述</td><td colspan="5">采用结晶釜，将粗氨基乙酸在水溶液中进行真空蒸发及冷却结晶的操作与控制</td></tr>
<tr><td>工作内容</td><td colspan="5">(1)查阅氨基乙酸在水中的溶解度；
(2)配制浓度180g/kg的氨基乙酸水溶液；
(3)真空蒸发冷却氨基乙酸水溶液至浓度为400g/kg；
(4)冷却静置结晶；
(5)过滤、干燥、称重；
(6)计算及操作总结</td></tr>
<tr><td rowspan="6">项目实施</td><td rowspan="3">查阅资料</td><td colspan="2">《化学工程手册》</td><td colspan="2">结晶方法、结晶装置</td></tr>
<tr><td colspan="2">《化学工程师简明手册》等</td><td colspan="2">氨基乙酸溶解度数据</td></tr>
<tr><td colspan="2">网络资源</td><td colspan="2">氨基乙酸溶解度数据、结晶操作规程</td></tr>
<tr><td>教师指导要点</td><td colspan="4">(1)结晶流程及设备；
(2)降膜式结晶器的结构；
(3)操作要点及注意事项</td></tr>
<tr><td>学生工作</td><td colspan="4">(1)氨基乙酸在水中溶解度数据；
(2)拟定氨基乙酸水溶液结晶操作步骤；
(3)氨基乙酸结晶操作与调节；
(4)操作记录和总结</td></tr>
<tr><td>评议优化</td><td colspan="4">(1)以小组为单位，评议实验过程和结果；
(2)组内或组间交流评议，在教师引导下，总结操作经验</td></tr>
<tr><td>学习心得</td><td colspan="5"></td></tr>
<tr><td>评价</td><td>考评成绩</td><td></td><td>教师签字</td><td></td><td>日期</td></tr>
</table>

4.2.1.4 学生成果表

<table>
<tr><td>姓名：</td><td>班级：</td><td>组别：</td><td>成果评价：</td></tr>
<tr><td colspan="4">一、回答问题
1.溶液结晶常用的结晶方法主要有几种？
2.查阅资料，看看溶液结晶方法还有哪些？
3.叙述真空结晶器的工作原理。
4.描述冷却结晶器的结构。
5.间歇结晶操作的优缺点是什么？
6.总结连续结晶操作的应用。

二、拟定氨基乙酸水溶液结晶操作规程。</td></tr>
<tr><td>自我评价
任务完成情况</td><td colspan="3"></td></tr>
</table>

4.2.2 知识提炼与拓展

4.2.2.1 溶液结晶方法

生产中常把在溶液中产生过饱和度的方式作为结晶方法分类的依据，分为冷却结晶、蒸发结晶和真空结晶等，而过饱和度的产生方法又取决于物质的溶解度特性。溶解度随温度变化较大适于冷却结晶；溶解度随温度变化较小适于蒸发结晶；溶解度随温度变化介于两者之间的物质，适于采用真空结晶。真空结晶的基本类型如表 4-1 所示。

表 4-1 溶液结晶基本类型

结晶类型	产生过饱和度的方法	溶解度图中的路径
冷却结晶	降低温度	*E-F-G*
蒸发结晶	溶剂蒸发	*E-F′-G′*
真空绝热冷却结晶	溶剂蒸发与降温	*E-F″-G″*

① 冷却结晶。直接冷却结晶法是指用单纯的冷却方式造成溶液过饱和度的结晶方法，这类结晶法无明显蒸发作用，是一种不除去溶剂的方法。所用的设备称为冷却结晶器。

② 蒸发结晶。以蒸发方式造成过饱和溶液的结晶方法称为蒸发浓缩法。所用设备称为蒸发式结晶器。

③ 绝热蒸发结晶。它也称为真空结晶法，使溶剂在真空下急闪蒸发而绝热冷却，其实质是同时结合蒸发和冷却两种作用造成溶液过饱和。所用设备称为真空式结晶器。

④ 反应结晶法。在相应料液体系中加入反应剂或调节 pH 值，可以使目的物溶质转化为新产物，当该新产物的浓度超过其溶解度（反应产物与反应物的溶解度差异较大）时，即有晶体析出。例如在头孢菌素 C 酸（CpC）的浓缩液中加入醋酸锌，可以获得 CpC 锌盐晶体；也可以通过调节 pH 值到目的物的等电点，来使之结晶析出，例如用氨水调节 7-氨基头孢烷酸（7-ACA）浓缩液的 pH 值到其等电点 3.0，可以获得 7-ACA 晶体。

⑤ 盐析结晶法。向结晶物系中加入特定组分（常用氯化钠）以降低溶质的溶解度，可以使目的物结晶析出。所加组分在易溶于原物系溶剂的同时，能够降低目的物的溶解度。如在联碱生产中，利用同离子效应，加入氯化钠固体溶解到溶液，使氯化铵结晶析出。该法多用于药品生产中。

另外还有喷雾（采用喷雾结晶器）法及成球法（采用成球结晶器——造粒塔）等。

除上述分类方法外，还有其他分类方法，例如，分批式和间歇式；搅拌式和无搅拌式；母液循环式和晶糊循环式（前者是将晶体留在结晶区，只使母液循环，后者是使晶体与母液一起循环）等。

选择产生过饱和的方法要根据结晶物质溶解度与温度的关系，以及一次操作中所要求的产量而定。通常，单纯冷却法用于溶质溶解度随温度下降而显著降低的情形。单纯蒸发法用于溶质溶解度不随温度而变或随之而增加的情形。此两法结晶器内均需设置传热面。绝热蒸发器是将热溶液导入真空蒸发器中，得用急闪蒸发原理，溶液在蒸发浓缩的同时，受到冷却的作用。此法中溶液的过饱和度通过调节真空室的真空度加以控制。

进行结晶操作时，必须考虑如下几个方面的问题：

① 若冷却或蒸发过快，溶液的过饱和度过高，就会形成过多的晶核，这样得到的是大

量的小晶体。如冷却或蒸发速度较慢，溶液处于过饱和度较低的介稳区，此时若加入晶种或采用二次起晶法，则得到的是少量的大晶体。

② 要保持晶体大体上均匀，必须充分搅拌。搅拌的作用是使溶液的温度、浓度和流体力学条件保持均匀，这是保持晶体大上均匀的必须操作条件。

③ 在连续蒸发结晶操作中，可利用内部水力分级方法保证卸出大小符合要求的晶体。如果采用介稳区加晶种的方法，则必须有控制晶体成长时间的措施，实现晶体粒控制。

④ 为保持晶体大小均匀，采用冷却法时应力求冷却均匀，尽可能保持过饱和度不变。

结晶过程可以间歇操作也可以连续操作。与间歇操作相比，连续操作有许多显著优点，大致可归纳为如下：

① 冷却法和蒸发法结晶采用连续操作时经济效果较好；

② 大约只有 7%的母液需重复加工，而间歇操作时有 20%～40%的母液需要重复加工；

③ 生产规模大时可大大节约劳动力；

④ 设备单位有效体积的生产能力高，占地面积小。

连续操作的主要缺点有：

① 换热面上和与自由液面相接触的表面上容易结垢，连续运行一段时间后必须停机清理；

② 产品平均粒度小；

③ 对操作者的技术要求高；

④ 不易保持操作参数的稳定，对自动控制的要求高。

4.2.2.2 工业结晶器

结晶设备是实现结晶操作的工具，它直接影响到整个结晶生产过程，因此了解并合理地选择结晶设备具有重要意义。随着过饱和溶液形成方法的不同，结晶设备在结构上有所不同。

(1) 冷却结晶器

冷却结晶器中最为常用的结晶器是搅拌釜式结晶器，该类设备通过强制搅拌可使釜内温度和晶浆浓度分布均匀，从而得到粒径均匀的晶体。常见的几种搅拌釜式冷却结晶器如图 4-5 所示。冷却换热通常以夹套或盘管形式进行，其中夹套换热面平整光滑，并具有缓解晶垢的聚结和便于清理维护等特点，因此得到了较多采用。强制搅拌可以采用机械搅拌桨、气升、泵循环、摇篮式晃动、滚筒式转动等形式进行，为提高搅拌效果，还可以添加内套筒结构使晶浆在釜内形成内循环。为避免局部过饱和度过高引起的换热面晶垢聚结，在换热过程中料液与换热表面的温差一般控制在 10℃以内。

由于具有控制便捷、操作稳定等特点，机械搅拌得到了广泛应用。泵循环有利于外部换热器的使用，但晶浆在泵壳内受到的剪切作用也最为剧烈。在生产中，可以针对结晶物系的特点进行选取。此外，结晶釜可以采用敞口式的结构，而对于易氧化、有毒害以及对洁净度有较高要求的结晶物系，也可以使用封闭式的结晶釜。结晶釜可以单釜运转，也可以多级串联进行。

(2) 蒸发结晶器

蒸发结晶器是利用蒸发部分溶剂来达到溶液过饱和度的，与普通料液浓缩所用的蒸发器在原理和结构上非常相似。普通的蒸发器虽然能够允许操作过程中有固形物沉淀，但难以实

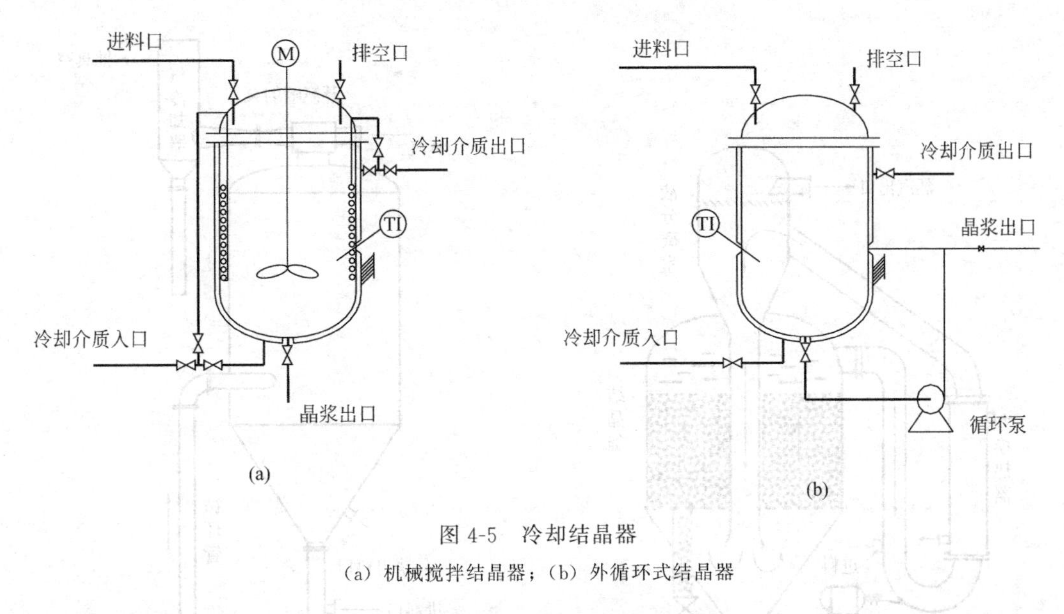

图 4-5　冷却结晶器

(a) 机械搅拌结晶器；(b) 外循环式结晶器

现对晶粒分级的有效控制，因此蒸发结晶器与普通的蒸发器往往还有一些区别，常见蒸发结晶器的结构如图 4-6 所示。如果所处理的物系对晶体大小有严格要求，则往往需要在蒸发器外单独设置具有较好分级功能的结晶器，蒸发器只是起到提高并维持溶液过饱和度的作用。

与真空蒸发类似，蒸发结晶器也可在减压条件下操作。通过减压可以降低料液的沸点，从而可以通过多效蒸发来充分利用热量，氯化钠生产曾采用了这种多效蒸发形式的结晶器。

与冷却结晶器的情况一样，在蒸发结晶器的换热面上也存在晶垢聚结的现象，因此需要定期清理设备。此外，由于采用的是加热蒸发，在换热器表面附件存在温度梯度，而当有晶垢存在时，这种梯度将会更为明显，此时要注意晶垢在换热面温度下的稳定性问题，以防止结焦或变性，避免设备使用和产品质量受到影响。

(3) 真空结晶器

在密闭绝热容器内，通过负压抽吸保持较高真空度，使容器内的料液达到沸点而迅速蒸发，并最终温度降低到与压力平衡的数值，这种结晶器既为真空结晶器。此时容器内的料液既实现了部分溶剂蒸发浓缩，又实现了降温。由于是绝热蒸发，溶剂蒸发所吸收的气化潜热与料液温度降低所放出的显热相等，因此蒸发液量一般较小，此与前面持续供热的负压蒸发结晶器是不同的。真空结晶器的一般结构如图 4-7 所示。

由于通过蒸发带走热量来实现降温，结晶器内不需要换热面，这就避免了换热面聚结晶垢的问题。通过设置导流筒、搅拌桨等内部构件，可以设计出多种不同结构的真空结晶器。其操作可以连续进行，也可以分批间歇进行，其中连续真空结晶器往往设计成多级串联的形式。

(4) 盐析与反应结晶器

与冷却和溶剂蒸发不同，盐析结晶和反应结晶需要往结晶物系中添加新物料，这样才能达到要求的过饱和度。与冷却结晶器相比，盐析与反应结晶器有明显的不同。

首先，结晶器有效体积大，在间歇结晶过程中这一区别尤其明显，例如采用溶析法的头孢菌素 C 盐结晶，加入的溶剂量达到了原浓缩液的 1/3～1/2，这就要求结晶器要预留出容纳新添加的物料的体积。

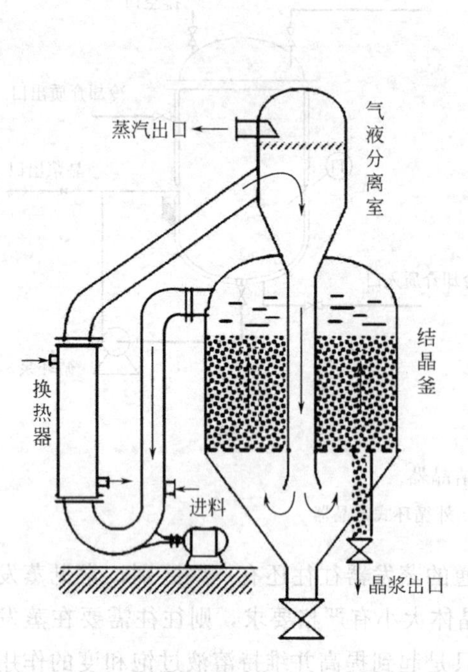

图 4-6　蒸发结晶器

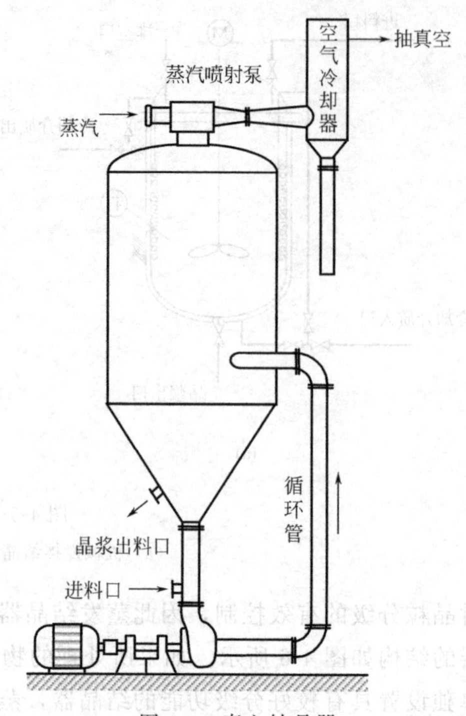

图 4-7　真空结晶器

其次，由于传质速度问题，在新添加物料时很容易会引起局部浓度过高问题，这就要求该物料在反应器内能够与原有物料实现充分而均匀的混合。通常在反应器内设置足够强度的搅拌，尤其当所投物料为固体时，但也要避免剪切力过强而引起剧烈的二次起晶。当所投物料局部浓度过高会破坏目的物结构或产生新杂质时，往往还要在投料口设置分布器，例如使用氨水调 pH 值使 7-ACA 结晶析出，但 7-ACA 在碱性条件下会分解，此时就需要在加强搅拌混合的同时，在氨水入口设置分布器，并严格控制氨水的添加速度。

4.2.2.3　结晶过程的物料衡算

在结晶计算中，已知原料液的量、浓度及母液最终温度，利用物料衡算确定结晶产量。结晶操作的物料衡算示意图如图 4-8 所示。

结晶器底部输出两部分物料：结晶产品和母液。母液的浓度为最终操作温度时该溶质的溶解度。因此，可根据母液的终温，由溶解度曲线查得其溶解度，即母液浓度。

物料衡算依据：　$\sum G_{入}=\sum G_{出}$

对总量作衡算，则　$F=E+M+W$　　(4-2)

对溶质作衡算，则　$Fw_F=E/R+M\,w_M$　　(4-3)

联立上述两方程，得

$$E=\frac{F(w_F-w_M)+Ww_M}{\frac{1}{R}-w_M}\tag{4-4}$$

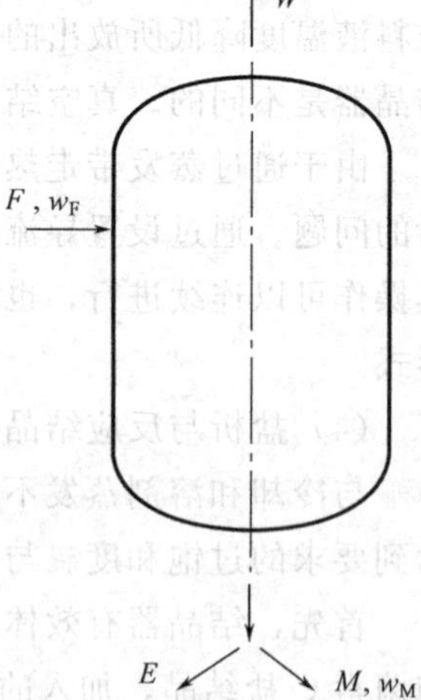

图 4-8　物料衡算示意图

式中　F——原料加入量，kg/h；

E——获得的结晶量，kg/h；

W——蒸发的溶剂量，kg/h；

M——母液的量，kg/h；

w_F——原料液的质量分数；

w_M——母液的质量分数；

R——结晶水含量的特性系数，kg 含水晶体/ kg 无水晶体（无结晶水时 $R=1$）。

【例 4-1】 利用结晶器生产 $Na_2SO_4 \cdot 10H_2O$ 晶体，已知原料液流量为 5000kg/h，其质量分数为 15.3%，结晶终止时的温度为 273K，此时的溶解度为 8.3%（质量分数），约蒸出全部含水量的 3%，求结晶产量？

解 已知 $F=5000\text{kg/h}$，$w_F=15.3\%$，$w_M=8.3\%$

蒸发出水量 $W=F(1-w_F)\times 0.03=[5000\times(1-0.153)\times 0.03]\text{kg/h}=127.05\text{kg/h}$

根据晶体化学式得出

$$R=\frac{Na_2SO_4 \cdot H_2O}{Na_2SO_4}=\frac{142+10\times 18}{142}=2.27$$

总衡算方程 $F=E+M+W$

对溶质作衡算 $Fw_F=E/R+Mw_M$

将相关数值代入式(4-4) 得：

$$E=\frac{5000\times(0.153-0.083)+127.05\times 0.083}{\dfrac{1}{2.27}-0.083}\text{kg/h}=1008.4\text{kg/h}$$

项目五　反渗透法制软水

以膜作为分离媒介，当膜两侧存在某一推动力（如浓度差、压力差、电位差）时，利用被分离物系中各组分的选择透过性差异，实现分离、提纯或富集的过程，称为膜分离过程，见图 5-1。

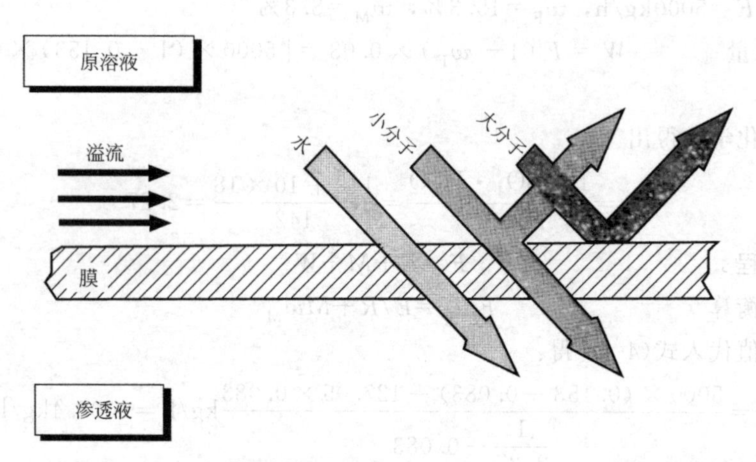

图 5-1　膜分离过程示意

以压力差为推动力的膜分离有：微滤、超滤、反渗透。

以电位差为推动力的膜分离是：电渗析。以浓度差为推动力的膜分离是：渗析。

膜分离过程的特点如下。

① 高效：膜具有选择性，能选择性地透过某些物质而截留另一些物质。选择合适的膜，可以有效地进行物质的分离、提纯和浓缩。

② 节能：多数膜分离过程在常温下操作，被分离物质不发生相变，可减少能耗，特别适合于热敏性物质的分离，如生物制剂、果汁等的处理。

③ 以相同的原理解决不同领域的问题，如人工肾、海水淡化、啤酒的澄清、电镀废水中回收金属等。

④ 操作过程中不会产生新的污染。

近年来，作为新型高效的单元操作，各种膜分离过程得到了迅速发展，在化工、生物、医药、能源、环境、冶金等领域得到了日益广泛的应用。

目前应用广泛的膜分离技术是微滤、超滤、反渗透（RO）、电渗析等。

反渗透法制软水项目的任务分解见下表。

项目	任务	学习场所	参考学时
反渗透法制软水	由井水制软水工艺流程设计(反渗透法)	多媒体教室	4
	反渗透(RO)装置运行及故障处理	分离纯化实训室	8

5.1 由井水制软水工艺流程设计（反渗透法）

5.1.1 目标与要求

5.1.1.1 知识目标

① 了解膜分离（微滤、反渗透、电渗析、渗析）原理及应用。

② 了解浓差极化现象及减轻措施。

③ 了解软水（锅炉用水）的水质要求。

④ 理解温度、压力、料液流速、料液浓度等对反渗透过程渗透通量的影响。

5.1.1.2 能力目标

① 能叙述反渗透、微滤、电渗析过程工作原理。

② 能叙述影响反渗透过程渗透通量的因素及减轻浓差极化措施。

③ 能初步设计由深井水制软水的基本流程。

5.1.1.3 学生工作表

<table>
<tr><td colspan="2">姓名：</td><td>班级：</td><td colspan="2">组别：</td><td>指导教师：</td></tr>
<tr><td>项目名称</td><td colspan="5">反渗透法制软水</td></tr>
<tr><td>任务名称</td><td colspan="3">5.1由深井水制软水工艺流程设计</td><td>工作时间</td><td>4学时</td></tr>
<tr><td>任务描述</td><td colspan="5">通过学习，能了解微滤、反渗透、电渗析分离原理及应用场合，了解影响膜分离效果的各种因素；会设计由深井水制软水的工艺流程</td></tr>
<tr><td>工作内容</td><td colspan="5">(1)了解微滤、反渗透、电渗析分离原理及应用；
(2)理解影响膜渗透通量的因素及减轻浓差极化的措施；
(3)设计由深井水制软水的工艺流程(方框图)</td></tr>
<tr><td rowspan="6">项目实施</td><td rowspan="3">资料查阅</td><td colspan="2">《制药单元操作技术》</td><td colspan="2">膜分离技术</td></tr>
<tr><td colspan="2">水处理培训教材</td><td colspan="2">原水水质及锅炉用水水质要求</td></tr>
<tr><td colspan="2">网络资源、其他</td><td colspan="2">反渗透制水装置说明</td></tr>
<tr><td>教师指导要点</td><td colspan="4">(1)膜分离原理及特点；
(2)反渗透原理及浓差极化；
(3)电渗析原理；
(4)渗透通量及影响因素</td></tr>
<tr><td>学生工作</td><td colspan="4">(1)叙述反渗透、微滤、电渗析过程工作原理及应用；
(2)叙述温度、压力、料液流速、料液浓度等对渗透通量的影响；
(3)了解深井水水质情况及锅炉用水的水质要求；
(4)能设计由深井水制软水的流程方框图(有哪些主要设备)</td></tr>
<tr><td>评议优化</td><td colspan="4">(1)以小组为单位，讨论提交设计方案(主要设备及先后次序)，组内统一思想，得小组成果；
(2)小组间评议，教师参与并引导学生完善流程设计(方框图)</td></tr>
<tr><td>学习心得</td><td colspan="5"></td></tr>
<tr><td>评价</td><td>考评成绩</td><td></td><td>教师签字</td><td></td><td>日期</td></tr>
</table>

5.1.1.4　学生成果展示表

姓名：	班级：	组别：	成果评价：

一、判断

1. 在反渗透操作中，下列说法中正确的是______。

(a)反渗透膜一般采用不对称膜

(b)合理操作，浓差极化现象是可以避免的

(c)操作压差越大，渗透通量越大，对反渗透越有利

(d)处理海水时，不可能直接得到淡水和晶体盐

2. 下列膜分离过程中，用于处理电镀废水效果较好的是______。

(a)渗析　　(b)反渗透　　(c)电渗析

3. 下列膜分离过程中，用于啤酒澄清效果较好的是______。

(a)微滤　　(b)反渗透　　(c)电渗析

二、填空(5小题及以后题目需查阅相关资料)

1. 根据被分离物粒子(分子的大小)和所采用膜的结构，可以将以______差为推动力的膜分离过程分为______、______、纳滤和______，四者组成了一个可分离固态微粒到离子的四级分离过程，其中______截留粒子______可采用微孔膜，而______截留的是小分子的盐，所用膜为______，操作压力较其他都______。

2. 电渗析是指在______的作用下，电解质溶液中的阴、阳离子选择性地透过______膜，实现溶液提浓的过程。目前该技术多用于苦咸水等的______和浓缩。也可用于______废水处理，在食品工业中被大规模地用于牛奶和乳清的______等。离子交换膜的高分子链上，连接着可以发生______作用的活性基团。如磺酸型阳离子交换膜中的活性基团______，在水溶液中进行离解，产生的______进入溶液，阳膜带______电荷，而吸引溶液中的______离子并允许其透过；阴离子膜带______电荷。而吸引溶液中的______离子并允许其通过，因此离子交换膜具有选择性。

3. 在反渗透过程中，大部分溶质被截留而在膜表面附近______，因此溶质在膜表面的浓度 c_{A_i} ______它在料液主体中的浓度 c_{A_1}，这种现象称为浓差极化，浓差极化对操作______，减轻浓差极化的有效途径是提高______，采取的措施可以是：提高______；增加料液的湍流程度；适当提高操作______；对膜面进行______等。

4. 反渗透过程的渗透通量主要与______、______、______、料液的______及膜材料与结构有关。

续表

姓名：	班级：	组别：	成果评价：

5.天然水中的杂质，按其颗粒大小可分为三类。颗粒最大的称为________物，其次称为________物，最小的是分子和离子，称为________物。天然水中的离子都是无机盐类溶于水后电离形成的，阳离子主要有________、________、Na^+ 和 K^+ 等，阴离子主要有________、________、________和 SiO_3^{2-} 等。

6.原水，又称生水，是指未经过任何净化处理的天然水。锅炉直接使用原水：

(1)会使锅炉________，________燃料，________锅炉热效率。

(2)________锅炉，缩短锅炉使用寿命。

(3)引起________共沸，恶化蒸汽品质。

(4)结垢后使金属受热面过热，产生变形、鼓泡和破坏；使水快速________，________激增。

(5)结垢和水渣积存，会减小管内水流通直径，严重________，影响水循环。

7.为降低水的硬度，防止在锅炉金属受热面上产生水垢，可以采用________法将水中的________和________离子用另外不会产生硬度的阳离子(H^+)来取代，从而使水得到软化。当原水经过阳离子交换剂层时，水中的________离子与交换剂中的氢离子交换，使被处理水的硬度降低到符合国家标准，其反应原理可表示为：________。

8.低压锅炉及其系统的腐蚀类型分为：

(1)氧腐蚀________

(2)酸腐蚀________

(3)碱腐蚀________

(4)铁垢腐蚀________

(5)苛性脆化________

三、设计由深井水制软水的流程方框图，说明各设备的作用。

5.1.2 知识提炼与拓展

5.1.2.1 膜和膜分离设备

膜是能把流体相分隔开来成为两部分的一薄层凝聚相物质。膜具备下述两个特性：第一，膜不管薄到什么程度，至少必须具有两个界面。膜正是通过这两个界面分别与被膜分开于两侧的流体物质互相接触。第二，膜应具有选择透过性。

膜是膜过程的核心，膜材料的化学性质和膜的结构对膜过程的性能起着决定性影响。

（1）膜的种类及结构

根据膜的性质、来源、相态、材料、用途、形状、分离机理、结构、制备方法等的不同，膜有不同的分类方法。按膜的形状分为平板膜、中空纤维膜和管式膜。按膜孔径的大小分为多孔膜和致密膜（无孔膜）。按膜的结构分为对称膜、非对称膜和复合膜。本小节主要介绍以下几种膜。

① 多孔膜。又称微孔膜，该种膜的孔数可达 10^7 个/cm^2，微孔直径为 0.05～10μm，孔隙率高达 80%，常用于微滤与超滤。

② 致密膜。又称均相膜，类似于纤维的一层均匀薄膜，从宏观上看无孔道，其孔道由高分子链段的无序热运动产生，孔径可变（大小为 0.1～1nm），孔隙率低于 10%。

③ 对称膜。膜两侧截面的结构及形态相同，且孔径与孔径分布也基本一致，对称膜可以是微孔膜或致密膜，厚度大约为 10～200μm，如图 5-2（a）所示。均相膜由于膜较厚而导致渗透通量低，目前很少工业应用。

④ 非对称膜。由极薄的（约 0.1～0.5μm 厚）、致密的表皮层覆盖于较厚的（约 50～150μm）、疏松的多孔支撑层所组成，如图 5-2（b）所示。在膜过程中渗透通量一般与膜厚成反比，因非对称膜的表皮层比致密膜的厚度薄得多，故其渗透通量比致密膜大得多。

复合膜实际上也是一种非对称膜，如图 5-2（c）所示，但表皮层与支撑层的材料不同。

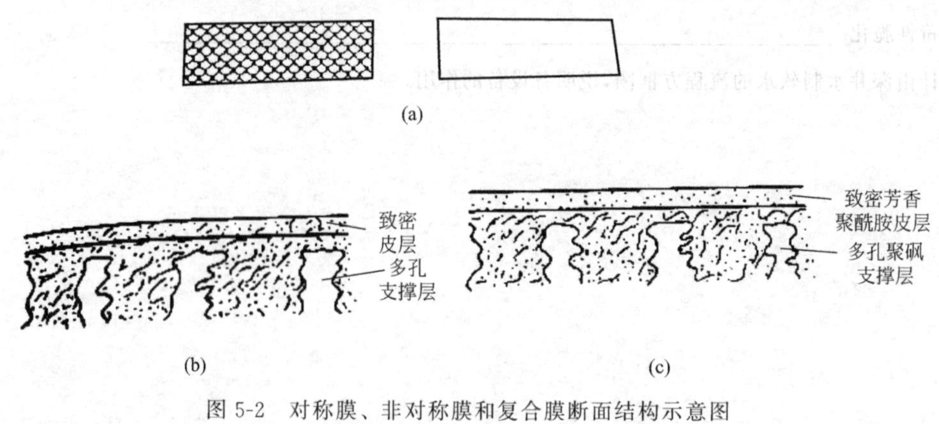

图 5-2 对称膜、非对称膜和复合膜断面结构示意图

（a）对称膜；（b）非对称膜；（c）复合膜

⑤ 离子交换膜。也称荷电膜，由离子交换树脂加黏合剂制得，有阳离子交换膜（简称阳膜）和阴离子交换膜（简称阴膜）两种，它们能选择性地透过离子。

（2）膜材料

膜分离过程对膜材料的要求主要有：具有良好的成膜性能和物化稳定性，耐酸、碱、微生物侵蚀和耐氧化等。反渗透、纳滤、超滤、微滤用膜最好为亲水性，以得到高水通量和抗污染能力。离子交换膜则特别强调膜的耐酸、碱性和热稳定性。目前工业化生产所用的膜材料多为高分子材料。

目前，如纤维素膜材料（如二醋酸纤维素 CA、三醋酸纤维素 CTA、硝酸纤维素 CN、再生纤维素 REC 等）应用最多，主要用于反渗透、纳滤、超滤、微滤，在气体分离和渗透蒸发中也有应用。而芳香聚酰胺类和杂环类膜材料主要用于反渗透。聚砜是超滤、微滤膜的主要材料，由于其性能稳定、机械强度好，所以可用作许多复合膜的支撑材料。聚丙烯腈也是超滤、微滤膜的常用材料，它的亲水性使膜的水通量比聚砜大。

无机膜多以金属及其氧化物、多孔玻璃、陶瓷为材料。从结构上可分为致密膜、多孔膜和复合非对称修正膜三种。

(3) 膜性能的表示法

膜的性能包括膜的分离透过特性和理化稳定性两方面。膜的理化稳定性指膜对压力、温度、pH 值以及对有机溶剂和各种化学药品的耐受性。

膜的分离透过特性包括分离效率、渗透通量和通量衰减系数三个方面。

① 分离效率。对于不同的膜分离过程和分离对象可以用不同的表示方法。对于溶液中盐、微粒和某些高分子物质的脱除等可用脱盐率或截留率 R 表示：

$$R=\frac{c_1-c_2}{c_1}\times 100\% \tag{5-1}$$

式中，c_1、c_2 分别表示原液和透过液中被分离物质（盐、微粒或高分子物质）的浓度。

② 渗透通量。通常用单位时间内通过单位膜面积的透过物量表示。

③ 通量衰减系数。因为过程的浓差极化、膜的压密以及膜孔堵塞等原因，膜的渗透通量将随时间而衰减，可用下式表示：

$$J_\theta=J_0\theta^m \tag{5-2}$$

式中 J_0——初始时间的渗透通量，kg/（m^2·h）；

θ——使用时间，h；

J_θ^s——时间 θ 时的渗透通量，kg/（m^2·h）；

m——衰减系数。

对于任何一种膜分离过程，总希望膜的分离效率高，渗透通量大，实际上这两者往往存在矛盾：分离效率高，渗透通量小；渗透通量大的膜，分离效率低。所以常需在两者之间做出权衡。

(4) 膜组件

将膜、固定膜的支撑材料、间隔物或管式外壳等组装成的一个单元称为膜组件。膜组件的结构及型式取决于膜的形状，工业上应用的膜组件主要有中空纤维式、管式、螺旋卷式、板框式四种型式。管式和中空纤维式组件也可以分为内压式和外压式两种。

各种膜组件综合性能的比较见表 5-1。

5.1.2.2 微滤、超滤和反渗透

根据被分离物粒子（分子的大小）和所采用膜的结构可以将以压力差为推动力的膜分离过程分为微滤、超滤、纳滤和反渗透，四者组成了一个可分离固态微粒到离子的四级分离过程，如图 5-3 所示。

表 5-1　四种膜组件的特性比较

比较项目	螺旋卷式	中空纤维式	管式	板框式
填充密度/(m^2/m^3)	200～800	500～30000	30～328	30～500
料液流速/$[m^3/(m^2.s)]$	0.25～0.5	0.005	1～5	0.25～0.5
料液侧压降/MPa	0.3～0.6	0.01～0.03	0.2～0.3	0.3～0.6
抗污染	中等	差	非常好	好
易清洗	较好	差	优	好
膜更换方式	组件	组件	膜或组件	膜
组件结构	复杂	复杂	简单	非常复杂
膜更换成本	较高	较高	中	低
对水质要求	较高	高	低	低
料液预处理	需要	需要	不需要	需要
相对价格	低	低	高	高

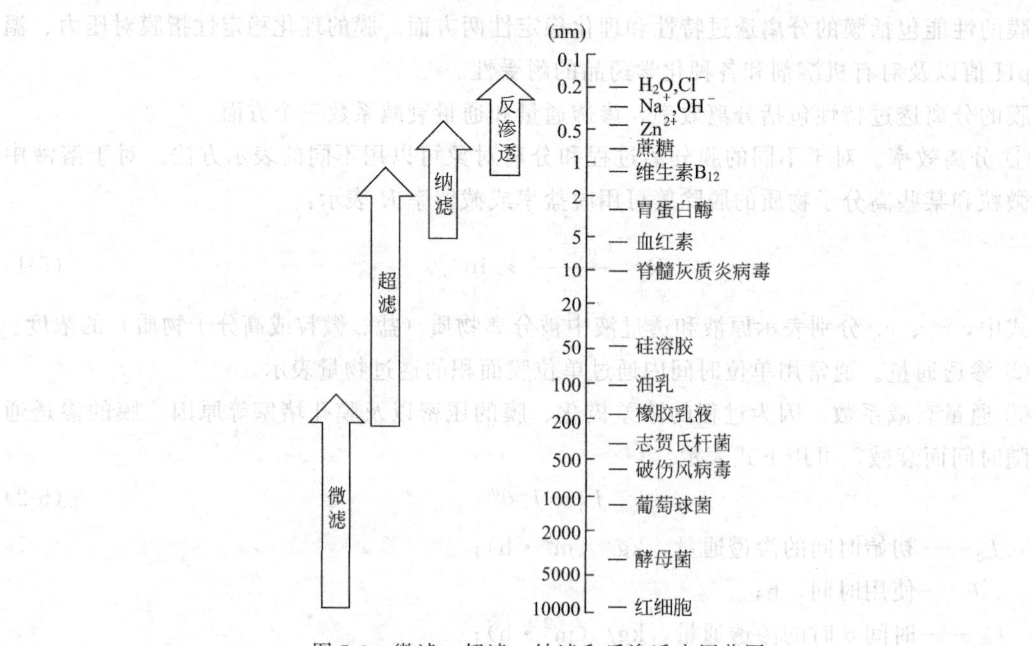

图 5-3　微滤、超滤、纳滤和反渗透应用范围

表 5-2 列出微滤、超滤、反渗透三种膜过程的基本特性。

介于反渗透与超滤之间的纳滤过程可用来分离溶液中相对分子质量为几百至几千的物质，其操作压差通常比反渗透低，约为 0.5～3.0MPa。因其截留的组分在纳米范围，故得名纳滤。

表 5-2　三种膜过程的基本特性

过程	分离目的	截留组分	透过组分	操作压差	传递机理	膜类型
微滤(MF)	溶液脱粒子、气体脱粒子	粒径 0.05～10μm 粒子	大量溶剂、少量溶质	0.05～0.2MPa	筛分	对称多孔膜
超滤(UF)	溶液脱大分子、大分子溶液脱小分子	大分子或粒径小于 0.2μm 粒子	大量溶剂、少量小分子溶质	0.9～1.0MPa	筛分	非对称膜
反渗透(RO)	含小分子溶质的溶液浓缩	0.1～1nm 小分子溶质(如盐)	大量溶剂	2～20MPa	非筛分	非对称膜或复合膜

5.1.2.2.1　反渗透

（1）反渗透过程原理

渗透：当膜（反渗透膜只允许溶剂水透过）两侧的溶液浓度不相等时，溶剂会自动从浓度较低的一侧向浓度较高侧流动，直到两侧溶液的液位不再变化，这是渗透现象，见图 5-4（a）。

渗透能自发进行的原因是：膜两侧溶液中溶质的浓度不同，导致膜两侧溶液的渗透压也不同，在渗透压差推动下，溶剂从稀溶液侧透过膜进入浓溶液侧。

对于电解质的水溶液，可用校正后的范托夫渗透压公式计算溶液的渗透压：

$$\Gamma=\phi_i c_i RT \tag{5-3}$$

式中　c_i——溶质物质的量浓度；

ϕ_i——渗透压系数，当溶液浓度较低时，绝大部分电解质溶液的 ϕ_i 接近于 1；

Γ——溶液的渗透压。

如果在浓溶液侧施加压力，使膜两侧的压差 Δp 等于两种溶液之间的渗透压差 $\Delta\Gamma$，则单位时间内，由稀溶液侧透过膜进入浓溶液侧的溶剂分子数，等于由浓溶液侧透过膜进入稀溶液侧的溶剂分子数，故系统处于动态平衡，见图 5-4（b）。

反渗透：当在浓溶液上方施加压力，使得膜两侧的压差大于两侧溶液的渗透压差，即 $\Delta p>\Delta\Gamma$ 时，则溶剂从浓溶液侧透过膜进入浓度低的一侧，这种依靠外界压力使溶剂从浓溶液侧向低浓度溶质侧透过的过程称为反渗透。

利用反渗透操作可实现溶液的浓缩，要实现反渗透操作，在膜两侧施加的压差必须大于膜两侧溶液的渗透压差，原料液中溶质浓度越大，渗透压越大，反渗透过程实际操作压力就越高。

（2）浓差极化

由于在反渗透过程中，大部分溶质被截留，溶质在膜表面附近积累，因此从料液主体到膜表面建立起有浓度梯度的浓度边界层，溶质在膜表面的浓度 c_{A_i} 高于它在料液主体中的浓度 c_{A_1}，这种现象称为浓差极化（见图 5-5）。

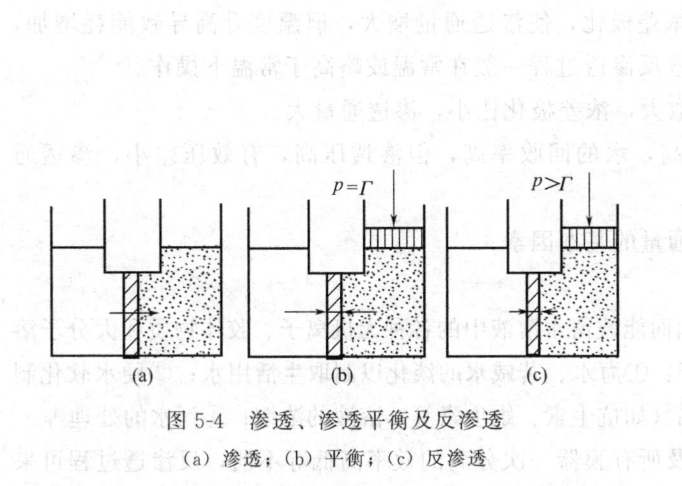

图 5-4　渗透、渗透平衡及反渗透

（a）渗透；（b）平衡；（c）反渗透

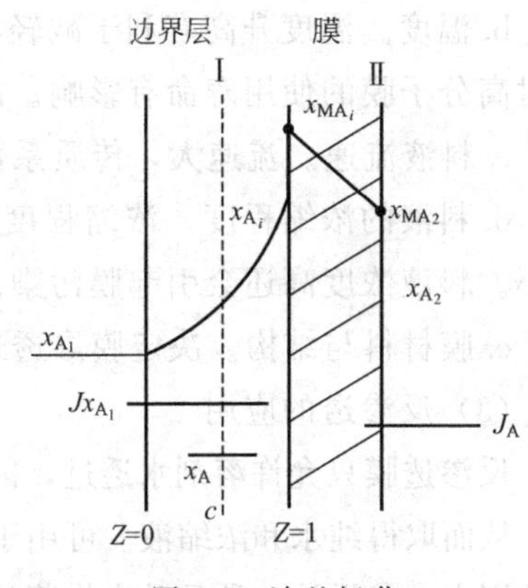

图 5-5　浓差极化

浓差极化的大小可用浓差极化比 $\dfrac{x_{A_i}}{x_{A_1}}$ 表示，此值愈大，表示膜表面处溶液浓度比主体浓度大得多，浓差极化愈严重。

对截面Ⅰ和截面Ⅱ间的溶质 A 作物料衡算可得：

$$\frac{x_{A_i}}{x_{A_1}}=\exp\frac{Jl}{cD_{WA}} \tag{5-4}$$

式中 x_{A_i}——膜的料液侧表面处溶质 A 的摩尔分数；

x_{A_1}——料液主体中溶质 A 的摩尔分数；

J——透过液的总渗透通量，kmol/（m^2·h）；

l——边界层的厚度，m；

c——截面Ⅰ处料液的总物质的量浓度，kmol/m^3，可视为常数；

D_{WA}——溶质 A 在水中的扩散系数，m^2/s。

浓差极化现象对操作不利，但是不可避免，严重时足以使操作过程无法进行。

① 浓差极化的不利影响。

a. 浓差极化使膜表面处的溶液浓度升高、渗透压升高，当操作压差一定时，过程的有效推动力下降，导致渗透通量下降。

b. 提高操作压力，渗透通量增加，但溶质的渗透通量也将增加，截流率降低。因此，浓差极化的存在限制了渗透通量的增加。

c. 膜表面处溶质的浓度高于溶解度时，在膜表面上将形成沉淀，使透过膜的阻力增加，为避免出现结晶沉淀，料液主体的浓度不能高于一定值。

② 减轻浓差极化的措施。有效途径是提高传质系数，采取的措施可以是：提高料液流速；增加料液的湍流程度；提高操作温度；对膜面进行定期清洗等。

③ 影响反渗透过程渗透通量的因素。

a. 操作压差。压差越大，渗透通量就越大，但浓差极化比增大，膜表面处溶液的渗透压增高，造成推动力不能按相应的比例增大。同时，压差增加，能耗增大，并容易产生沉淀，故应综合考虑，选择最佳的操作压力。

b. 温度。温度升高有利于减轻浓差极化，使渗透通量增大，但温度升高导致能耗增加，且对高分子膜的使用寿命有影响。故反渗透过程一般在常温或略高于常温下操作。

c. 料液流速。流速大，传质系数大，浓差极化比小，渗透通量大。

d. 料液的浓缩程度。浓缩程度高，水的回收率高，但渗透压高，有效压差小，渗透通量小。料液浓度高还会引起膜污染。

e. 膜材料与结构。决定膜渗透通量的基本因素。

（3）反渗透的应用

反渗透膜只允许溶剂水透过，因而能截留水溶液中的各种无机离子、胶体物质和大分子溶质，从而取得纯水和浓缩液。可用于：①海水、苦咸水的淡化以制取生活用水；②硬水软化制锅炉用水；③果汁、乳品及生物药品（如抗生素、维生素等）溶液的浓缩；④污水的处理等。

根据料液的情况、分离要求以及所有膜器一次分离的效率高低等不同，反渗透过程可采用不同的工艺流程。

图 5-6 是一级一段连续操作流程，料液一次通过膜件即为浓缩液而排出。

图 5-7 是一级一段循环操作流程，这样可提高料液的浓缩率。在截留率不变时，透过的水质会下降。为提高料液的浓缩率，还可采用多个膜组件串联操作的方法，如图 5-8 所示。

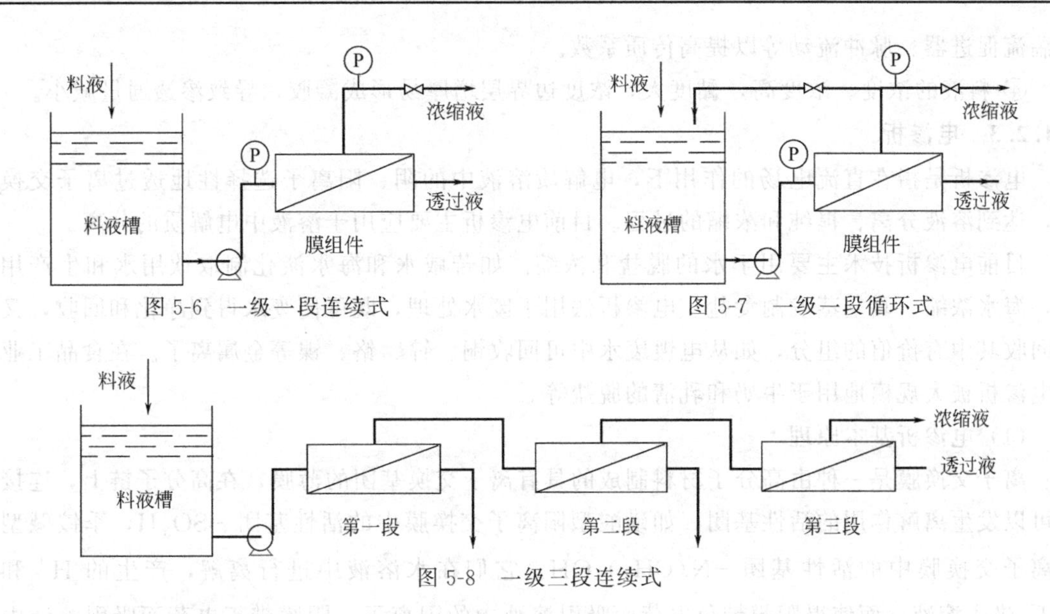

图 5-6　一级一段连续式　　图 5-7　一级一段循环式

图 5-8　一级三段连续式

5.1.2.2.2　微滤和超滤

微滤（即微孔过滤）是利用微孔膜孔径的大小，在压差为推动力下，将滤液中大于膜孔径的微粒、细菌及悬浮物质等截留下来，达到除去滤液中微粒与澄清溶液的目的。通常，微滤过程所采用的微孔膜孔径在 0.05～10μm 范围内。由于微滤所分离的粒子通常远大于用反渗透和超滤分离溶液中的溶质及大分子，基本上属于固-液分离，不必考虑溶液渗透压的影响，而膜的渗透通量远大于反渗透和超滤。

超滤是通过膜的筛分作用将溶液中大于膜孔的大分子截留，使之与溶剂及小分子组分分离。由于大分子溶液的渗透压较小，可不考虑溶液渗透压的影响。

(1) 微滤和超滤与常规过滤的区别

相同点：分离机理相同，都属于“筛分”过程。

不同点：①微滤和超滤一般不采用真空操作；②常规过滤是深床过滤，有滤饼；而微滤和超滤是切向过滤或错流过滤，料液流动带走部分粒子，粒子层薄，实际为增浓过程。

(2) 微滤、超滤过程的操作

与反渗透过程相似，微滤、超滤过程也必须克服浓差极化和膜孔堵塞带来的影响。一般而言，微滤和超滤的膜孔堵塞问题十分严重，往往需要高压反冲技术予以再生。由于微滤和超滤的膜渗透通量远高于反渗透，因此其浓差极化更为明显。

对超滤而言，浓差极化严重时，很容易在膜表面形成一层凝胶层，此后膜通量将不再随压差增加而升高，这一渗透通量称为临界渗透通量。影响渗透通量的因素如下：

① 操作压差。对于一定浓度的某溶液而言，压差达到一定值后，渗透通量达到临界值，所以实际操作压力应选在接近临界渗透通量时的压差，此时压差一般在 0.4～0.6MPa，过高的压差无益而有害。

② 温度。温度高，物料黏度小，扩散系数大，传质系数高，有利于减轻浓差极化，使渗透通量增大，只要膜材料的物化稳定性允许，应尽可能采用较高的温度。

③ 料液流速。超滤装置常采用错流操作，即料液与膜面平行流动。流速大，边界层厚度小，传质系数大，浓差极化减轻，有利于渗透通量的提高。但流速大也使能耗增加，可采

用湍流促进器、脉冲流动等以提高传质系数。

④ 料液的浓度。浓度高，黏度大，浓度边界层增厚易形成凝胶，导致渗透通量减小。

5.1.2.3　电渗析

电渗析是指在直流电场的作用下，电解质溶液中的阴、阳离子选择性地透过离子交换膜，达到溶液分离、提纯和浓缩的过程。目前电渗析主要应用于溶液中电解质的分离。

目前电渗析技术主要用于水的脱盐和浓缩。如苦咸水和海水淡化制取饮用水和生产用水，海水浓缩、真空蒸发制食盐。电渗析法用于废水处理，既可使废水得到净化和回收，又可回收其中有价值的组分，如从电镀废水中可回收铜、锌、铬、镍等金属离子。在食品工业中电渗析被大规模地用于牛奶和乳清的脱盐等。

(1) 电渗析基本原理

离子交换膜是一种由高分子材料制成的具有离子交换基团的薄膜，在高分子链上，连接着可以发生离解作用的活性基团。如磺酸型阳离子交换膜中的活性基团—SO_3H，季铵碱型阴离子交换膜中的活性基团—$N(CH_3)_3OH$。它们在水溶液中进行离解，产生的 H^+ 和 OH^- 进入溶液，而使得阳膜带负电荷而吸引溶液中的阳离子，阴膜带正电荷而吸引溶液中的阴离子，因此离子交换膜具有选择性。

如图 5-9 所示，在正、负两电极之间交替地平行放置阳膜和阴膜。阳膜能选择性地使溶液中的阳离子透过，而溶液中的阴离子则因受阳膜上所带负电荷基团的同性相斥作用不能透过阳膜。阴膜能选择性地使阴离子透过，而溶液中的阳离子则因受阴膜上所带正电荷基团的同性相斥作用不能透过阴膜。

当向两膜所形成的隔室引入电解质的水溶液（如 NaCl 水溶液）并通入直流电时，溶液中的阳离子向阴极方向移动，这些离子很容易穿过阳膜，但被阴膜所阻挡。同样，溶液中的阴离子向阳极方向移动，这些离子很容易穿过阴膜，但被阳膜所阻挡。这种与膜所带电荷相反的离子穿过膜的现象称之为反离子迁移，其结果使图 5-9 中的 2 室和 4 室中离子浓度增加，与其相间的 3 室离子浓度下降，可分别引出浓缩的盐水和淡水。

20 世纪 80 年代，新型含氟离子膜在氯碱工业成功应用后，引起氯碱工业的深刻变化。离子膜法比传统的隔膜法节约总能耗 30%，节约投资 20%。目前世界多数氯碱生产转向离子膜法。

(2) 反离子迁移

反离子迁移是电渗析中的主要传递过程，是盐水淡化必需的传递过程。但在电渗析中还存在以下一些不需要或有害的过程：

① 同性离子迁移。即与膜的固定基团带相同电荷的离子透过膜的现象。由于离子交换膜的选择透过度不可能达到 100%，故产生这种迁移现象。但与反离子迁移相比，数量是很少的。

② 电解质的浓差扩散。由于浓度差，电解质自浓缩室向两侧淡化室扩散。

③ 水的渗透。淡化室中的水由于渗透压的作用向浓缩室渗透；在反离子迁移和同性离子迁移的同时都会携带一定数量的水分子一起迁移。

④ 压差渗漏。由于膜两侧的压力差，造成高压侧溶液向低压侧渗漏。

⑤ 水的电解。当发生浓差极化时，中性水离解成 H^+ 和 OH^-，从淡化室透过膜进入浓缩室。

以上过程使电渗析的效率降低，能耗增大，应尽可能减少这些过程的发生。

(3) 浓差极化和极限电流密度

电渗析器在直流电场作用下，水中阴、阳离子分别透过阴膜和阳膜进行定向运动，并各自传递一定的电荷。根据膜的选择透过性，反离子在膜内的迁移数大于它在溶液中的迁移数。当操作电流密度增大到一定程度时，离子迁移被强化，使膜附近界面内反离子浓度趋于零，从而由水分子电离产生的 H^+ 和 OH^- 来负载电流。在电渗析中把这种现象称之为浓差极化。浓差极化现象可用如图 5-10（阳膜置于阴极和阳极之间）所示来表示。

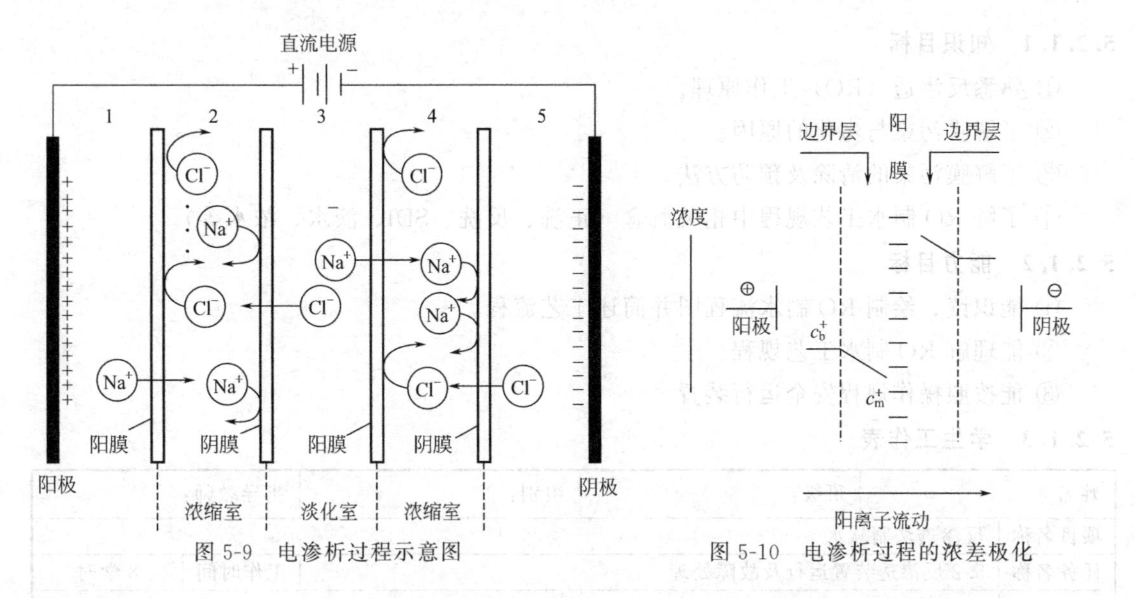

图 5-9　电渗析过程示意图　　图 5-10　电渗析过程的浓差极化

电阻主要集中在发生离子浓度降低的边界层中，由于离子浓度降低使得边界层中电阻变大。当浓度变得很低时，一部分电能会以热能形式被消耗掉（水电解）。

如电位差很大，则电流密度提高，图 5-10 中阳离子通量增大，结果阳离子浓度减小，当膜表面阳离子浓度 c_m 趋于零时，则达到极限电流密度，此时再提高推动力（增大电位差），也不会使阳离子通量继续增大。极限电流密度取决于主体溶液中阳离子的浓度 c_b 和边界层厚度，为减小浓差极化，必须减小边界层厚度。

5.1.2.4　渗析

渗析是以浓度差为推动力的膜分离过程，主要用于从含有大分子组分的混合液中脱除盐或其他低分子组分。它是最早应用的膜分离过程，后来由于微滤及超滤的出现，在工业上逐渐被取代，但在医疗上仍在使用，如人工肾（血液透析）。渗析一般采用非对称膜。

渗析的作用原理：由于大、小溶质的扩散速率差异而实现分离。

人体内含有尿素、无机盐等低分子代谢物的血液流经渗析装置，由于膜两侧存在浓度差，使得低分子物质透过膜而截留大于 0.005μm 的分子，经分离后的血液（含尿素等毒性物质很少）送回体内，如图 5-11 所示。

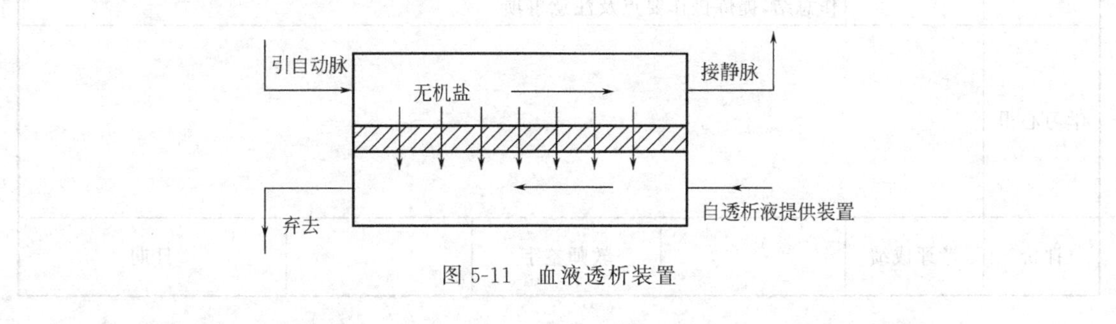

图 5-11　血液透析装置

5.2 反渗透装置运行及故障处理

5.2.1 目标与要求

5.2.1.1 知识目标

① 熟悉反渗透（RO）工作原理。

② 了解膜污染与劣化的原因。

③ 了解膜污染的清除及预防方法。

④ 了解 RO 制水工艺规程中相关概念（正洗、反洗、SDI、淡水、浓水等）。

5.2.1.2 能力目标

① 能识读、绘制 RO 制水流程图并简述工艺流程。

② 能理解 RO 制水工艺规程。

③ 能按照操作规程安全运行装置。

5.2.1.3 学生工作表

<table>
<tr><td>姓名：</td><td colspan="2">班级：</td><td colspan="2">组别：</td><td colspan="2">指导教师：</td></tr>
<tr><td>项目名称</td><td colspan="6">反渗透法制软水</td></tr>
<tr><td>任务名称</td><td colspan="4">5.2 反渗透装置运行及故障处理</td><td>工作时间</td><td>8 学时</td></tr>
<tr><td>任务描述</td><td colspan="6">理解反渗透制水工艺规程，识读（或依据现场绘制）RO 制水流程图并简述流程；按操作规程能安全运行</td></tr>
<tr><td>工作内容</td><td colspan="6">(1)能识读、绘制 RO 制水流程图并简述工艺流程；
(2)能理解操作规程并按照操作规程安全运行装置</td></tr>
<tr><td rowspan="6">项目实施</td><td rowspan="3">资料查阅</td><td colspan="2">《制药单元操作技术》</td><td colspan="3">膜分离技术</td></tr>
<tr><td colspan="2">锅炉用水水质要求</td><td colspan="3">水质要求及处理方法</td></tr>
<tr><td colspan="2">网络资源、其他</td><td colspan="3">反渗透制水装置说明</td></tr>
<tr><td>教师指导要点</td><td colspan="5">(1)膜污染与劣化的原因；
(2)膜污染的清除及预防方法；
(3)RO 制水工艺规程中相关概念（正洗、反洗、SDI、淡水、浓水等）；
(4)反渗透制锅炉用水操作规程</td></tr>
<tr><td>学生工作</td><td colspan="5">(1)能识读、绘制 RO 制水流程图并简述工艺流程；
(2)了解膜污染的清除及预防方法；
(3)能理解 RO 制水工艺规程；
(4)能按照操作规程安全运行装置</td></tr>
<tr><td>评议优化</td><td colspan="5">(1)以小组为单位，分工合作，进行装置开车运行；
(2)小组间互相评议，教师参与并引导学生对操作中的问题分析讨论，学生提交操作总结，提炼操作要点及注意事项</td></tr>
<tr><td>学习心得</td><td colspan="6"></td></tr>
<tr><td>评价</td><td>考评成绩</td><td></td><td colspan="2">教师签字</td><td colspan="2">日期</td></tr>
</table>

5.2.1.4　学生成果展示表

姓名：	班级：	组别：	成果评价：

一、填空

1. 高分子膜长期不用或使用时间过长，均会使________在膜的表面或孔隙内生长积累，引起膜的性能________，因此，需定期或不定期对膜系统进行________处理。需根据膜材料和微生物特性的要求选用和配制消毒剂，一般采用________膜组件的方式进行消毒，膜在使用前需用________冲洗干净。

2. 定期________是解决膜污染的方法之一，而料液的预处理也是减轻________的有效措施，针对料液情况可选择多种预处理方法。如调节溶液的________，使电解质处于比较稳定的状态；加入某些物质，使________沉淀，再进行预处理，以除去颗粒杂质。这些方法都可减少颗粒________，减轻吸附作用，防止膜孔________，提高________，延长操作周期。另外提高原料液的________，也可减轻膜污染，而缩短膜的________周期、选择抗污染性能的膜，对防治膜污染亦有作用。

3. 造成膜的性能下降的原因有________、________、________、________等。

二、简答

1. 锅炉用水为什么不能是硬水，表征水硬度的指标是什么？

2. 原水过滤前加絮凝剂、阻垢剂的目的是什么？

3. 简述反渗透装置的构成。

4. 反渗透装置运行中需注意哪些问题？

5. 如何保证膜组件运行良好、使用寿命长，谈谈你的体会或认识。

6. 对照图 5-12 给相应阀门编号，简述制水工艺流程；理解开停车操作规程。

5.2.2 知识提炼与拓展

5.2.2.1 膜分离过程中的问题及其处理

膜分离过程中，高分子合成膜产生的最大问题是：膜性能的时效变化，即随着操作时间的增加，一是膜渗透通量的迅速下降；二是溶质的阻止率也明显下降，这种现象是由于膜的劣化和膜污染所引起的。

造成膜劣化的原因有如下三种。

① 物理性劣化。挤压造成透过阻力大的固结层和膜干燥等物理性原因造成。

② 化学性劣化。水解、氧化等原因造成。

③ 生物性劣化。由供给液中微生物而引起的膜劣化和由代谢产物而引起的化学性劣化。pH 值、温度、压力都是影响膜劣化的因素，要十分注意它们的允许范围。

5.2.2.1.1 压密作用

在压力作用下，膜的水通量随运行时间的延长而逐渐降低。膜由半透明变为透明，外观厚度减少 1/3～1/2，这表明膜的内部结构发生了变化，这种变化和高分子材料的可塑性有关。内部结构变化使膜体收缩，这种现象称为膜的压密作用。膜对透过水的阻力主要在膜的致密表层，而支撑层对水的阻力很小。但随着运行时间的延长，多孔层会逐渐被压密。

引起压密的主要因素是操作压力和温度。压力越高，温度越高，压密作用越大。为克服压密现象，除控制操作压力和进料温度外，选用抗压密性强的膜结构也很重要。

5.2.2.1.2 膜的水解作用

醋酸纤维素是有机酯类化合物，比较容易水解，特别是在酸性较强的溶液中，水解速度更快。水解的结果是乙酰基脱掉，醋酸纤维膜的截留率降低，甚至完全失去截留能力。因此，控制醋酸纤维膜的水解速率（控制进料液的 pH 值和温度），对延长膜的寿命非常重要。

5.2.2.1.3 浓差极化

浓差极化现象对膜分离操作造成许多不利影响，主要有：①渗透压升高，渗透通量降低；②截留率降低；③膜面上结垢，使膜孔阻塞，逐渐丧失透过能力。生产中，要尽可能减少浓差极化现象的发生。

膜分离操作一般采用错流方式进行，即料液与膜面平行流动，料液的流动可有效防止和减少被截留物质在膜面上的沉积；流速增大，靠近膜面的浓度边界层厚度减小，将减轻浓差极化现象，有利于维持较高的渗透通量，但能耗增大。

5.2.2.1.4 膜的污染

（1）膜污染

膜污染（水生物污垢）是指由于膜表面形成了附着层（固结层、凝胶层、水垢、吸附层等）或膜孔堵塞等外部因素导致膜性能下降的现象。其中渗透通量下降是膜污染的一个重要标志，因此渗透通量也是膜分离中重要的控制指标。在膜分离操作中，渗透通量不仅与操作压差、膜孔结构、溶液黏度、操作温度等有关，还与料液流速、浓差极化现象及膜的污染程度有关。

一般来说，凝胶层阻止率高。堵塞也使膜渗透通量减少，阻止率上升。超滤膜渗透通量一般较高（堵塞最成问题），受浓差极化的影响较大，污染问题多由浓差极化造成；而反渗透时，因膜的细孔非常小，所以不太容易堵塞，主要问题是附着层，即反渗透膜污染的主要原因是膜表面对溶质的吸附和沉积作用。

(2) 膜污染的清除及预防

膜污染后需经清洗处理。膜的清洗是恢复膜分离性能、延长膜使用寿命的重要操作。当渗透通量降低到一定值时，生产能力下降，能量消耗增大，必须对膜进行清洗或更换，常用物理法、化学法或两者结合的方法进行清洗。

① 物理清洗法。

a. 机械清洗法。该法适用于管式膜组件。它是在管式膜中放入海绵球，海绵球的直径要比膜管的直径略大些，在管内用水力让海绵球流经膜表面，对膜表面的污染物进行强制性的去除。该法对软质垢有效，适用于以有机胶体为主要成分引起膜污染的清洗。

b. 正向或反向清洗。正洗是将原料液用清液（通常是纯化水）代替，按过滤操作进行，通过加大流速循环洗涤，清除膜污染的操作。反洗是用空气、透过液或清洗剂对膜进行反向冲洗，它是以一定频率交替加压、减压和改变流向的方法，使透过液侧的液体流向原料液侧以除去膜内或膜表面上的污染层，一般能有效地清除因颗粒沉积造成的膜孔堵塞。反洗只适用于微滤膜和疏松的超滤膜。

c. 等压清洗。又称在线清洗，一般是每运行一个短的周期（如运转 2h）以后，关闭透过液出口，这时膜的内、外压力差消失，使得附着于膜面上的沉积物变得松散，在液流的冲刷下，沉积物脱离膜而随液流流走，达到清洗的目的。

物理清洗往往不能把膜面彻底洗净，特别是对于吸附作用、膜表面胶层压实而造成的膜污染，需用化学清洗来消除膜污染。

② 化学清洗法。选用一定的化学药剂，对膜组件进行浸泡，并应用物理清洗的方法循环清洗，达到清除膜上污染物的目的。常用的清洗剂有酸、碱、表面活性剂、过氧化氢、次氯酸盐、聚磷酸盐等，主要利用溶解、氧化、渗透等作用来达到清洗的目的。

定期清洗是解决膜污染的方法之一，而料液的预处理也是预防或减轻膜污染的有效措施，针对料液的具体情况，可以选择多种预处理方法。如调节溶液的 pH 值，使电解质处于比较稳定的状态；加入配合剂，把能形成污染的物质配合起来，防止其沉淀；加入某些物质，使污染物沉淀，再进行预处理，以除去颗粒杂质。这些方法都可减少颗粒沉积，减轻吸附作用，防止膜孔堵塞，提高渗透通量，延长操作周期。另外，加大供给液的流速，可防止膜表面形成固结层和胶凝层，减轻膜的污染，但这种方法需要加大动力。缩短膜的清洗周期、选择抗污染性能的膜，对防治膜污染亦有作用。

(3) 膜的消毒与保存

高分子膜长期不用或使用时间过长，均会使微生物在膜的表面或孔隙内生长积累，引起膜的性能下降，因此，需定期或不定期对膜系统进行化学消毒处理。常用的化学消毒剂有乙醇、甲醛、环氧乙烷等，需根据膜材料和微生物特性的要求选用和配制消毒剂，一般采用浸泡膜组件的方式进行消毒，膜在使用前需用洁净水冲洗干净。

如果膜分离操作停止时间超过 24h 或长期不用，则应将膜组件清洗干净后，选用能长期储存的消毒剂浸泡保存。

5.2.2.2 反渗透制锅炉用水操作规程

5.2.2.2.1 工艺介绍

(1) 制水原理

反渗透膜只能透过水和微量的盐类。反渗透装置的进水和产水以半透膜相隔，在膜的两侧存在水向高含盐侧渗透的趋势，即渗透压。若在渗透膜的浓水侧施加一个远远大于渗透压的压力，则在此压力下，进水相（浓水侧）中的水就会向水相（产水相）中反向渗透过去，利用反渗透而取得淡（软）水，从而达到水的除盐目的，其脱盐率可达98%。

(2) 反渗透工艺简介

反渗透装置由预处理、高压泵和膜组件、化学清洗系统三部分构成。预处理主要由双介质过滤器、化学加药系统和保安过滤器组成；高压泵和膜组件是反渗透的核心部分，有若干支膜元件、压力容器组合运行方式；膜清洗系统主要由清洗水泵和膜清洗箱组成。由于反渗透膜组件在长时间运行情况下受到水中污垢的污染，使膜元件的脱盐率降低，所以，在运行到一定程度后，必须对反渗透膜组件进行清洗，以恢复其脱盐能力。

(3) 反渗透工艺流程

深井水→双介质过滤器→5u 微过滤器（保安过滤器）→高压泵→反渗透脱盐组件→软水箱（→阳离子床→阴离子床→纯水罐），如图 5-12 所示。

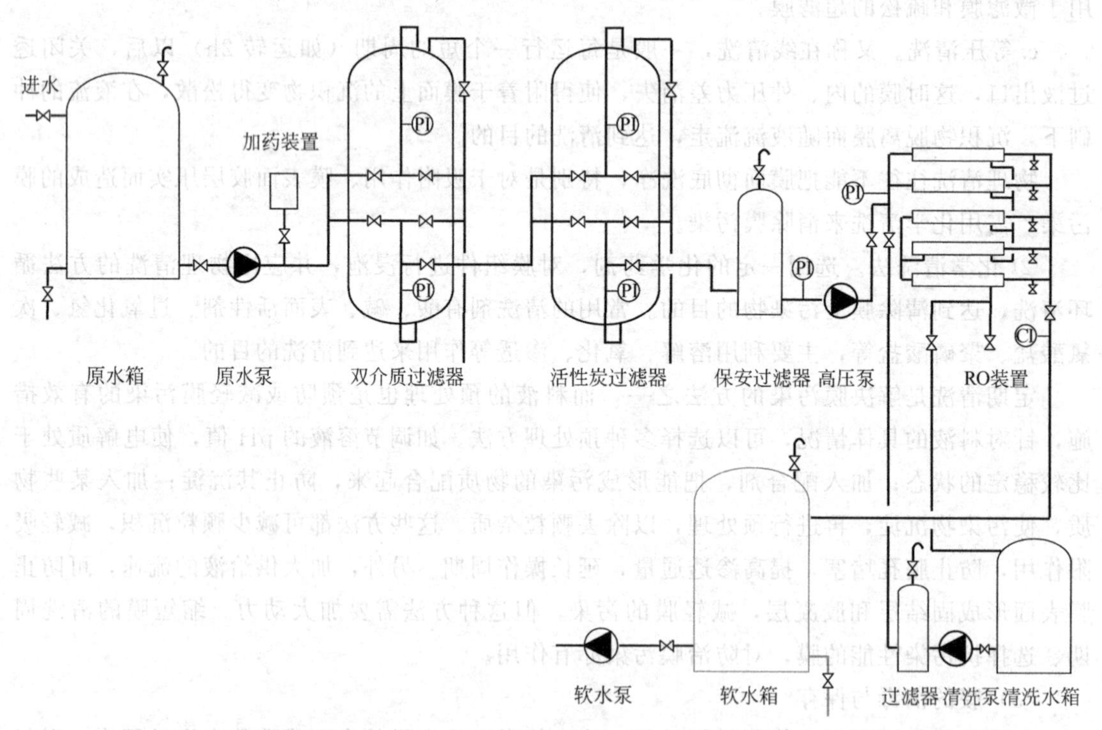

图 5-12 反渗透制软水装置工艺流程

5.2.2.2.2 双介质过滤器的操作

(1) 原理

双介质过滤又叫深度过滤（上层无烟煤，下层石英砂），水源中的悬浮物和不溶物易将膜污染，采用双介质过滤器就是将水中较大的颗粒在顶层被除去，较小的颗粒在过滤器较深处被除去。胶体悬浮物既小又由于胶体电荷的排斥，所以双介质过滤器不易将其除去。运行中可根据实际情况，特别是当水源水质有明显变化时，可适当加入一定比例絮凝剂 pAC，即碱式氯化铝，使胶体颗粒转变为絮状的偏铝酸盐类，而由无烟煤石英砂过滤截留。双介质机械过滤器过滤效率高但运行时间短，需定期反洗。

（2）双介质过滤器的启动

① 启动前的检查。

a. 双介质过滤器的所有阀门都呈关闭状态；

b. 压力表、流量表等状态良好；

c. 设备完好无缺陷，阀门轴承润滑良好。

② 过滤器的启动。

a. 打开过滤器的排气门、反洗排水门、进水门；

b. 当反洗排水门排水水质清澈时，关闭反洗排水门；

c. 当排气门溢水稳定时，打开正洗排水门，关闭排气门，正洗时间为 15～20min。正洗水量不宜过大以防止深井水系统水压波动引起后系统停车事故。

③ 当正洗排水门水质清澈时，测定过滤器污染指数 SDI 值，合格后打开过滤器的出水门外供水。

（3）双介质过滤器的停运

① 关闭双介质过滤器的出水门；

② 关闭双介质过滤器的进水门；

③ 检查各压力表是否回零，如有余压，开启反排门排压。

（4）双介质过滤器的反洗

当进水压力差增加至 0.05～0.1MPa 时或 SDI 值>3 时，表示过滤器已被水中悬浮物填塞，造成产水量下降，这时便要停运过滤器，并进行反洗，以恢复其产水能力。反洗操作程序：

① 关闭过滤器进水门、外供水门，停止过滤器的运行。

② 打开过滤器的反洗排水门、反洗进水门，打开排空门。

③ 检查反洗水泵，打开并调整泵的出口阀门，使反洗水量达到 $340m^3/h$，大流量反洗时间约 15min 后，直到出水清澈无杂物为止。

④ 停止反洗水泵，关闭反洗进水门和反洗排水门。

⑤ 适当调大正在运行的某一双介质过滤器的进水门。打开刚反洗双介质过滤器的进水门，当空气门溢水稳定时，打开正洗排水门，对过滤器进行正洗，流量为 $50m^3/h$，时间约 20min 左右，以排水清澈和无杂物为准。

⑥ 测定正洗排水电导率应小于 $1050\mu S/cm$。

⑦ 关闭过滤器正洗进水门和正洗排水门，备用。

⑧ 调整正在运行的双介质过滤器的进水阀，使过滤器的流量适当，以保证高压泵的入口压力适当（0.2～0.4MPa），不得使高压泵入口压力低于 0.1MPa。

（5）过滤器的注意事项

① 双介质过滤器在投运之前，一定要仔细检查各阀门，是否整个系统保持畅通。

② 一定要缓慢开启过滤器的进水门，并根据高压泵入口压力调整过滤器进水门的开度。

③ 当用RO浓水反洗后，正洗时间要充足，并测定正洗水排水电导率，应与深井水电导率相当（即1050～1150μS/cm）。防止正洗不足浓水进入RO系统造成不良后果。

④ 当用深井水正反洗机械过滤时，要注意控制水量，防止深井水管网水压下降，造成RO停运或其他事故。

5.2.2.2.3 RO系统的操作

(1) 反渗透设备主要参数及进水要求

① 反渗透膜元件。

材质：芳香族聚酰胺；产水量：45m^3/h；脱盐率：98%；回收率：75%［回收率=(产水量/总进水量)×100%］；操作压力：新膜第一年1.25MPa，第二年1.45MPa，第三年1.45 MPa，不得大于1.6MPa。

② 保安过滤器。

过滤精度：5μm；操作水量：100m^3/h；压力：0.6MPa。

③ 高压水泵。

流量：60m^3/h；扬程：150mH_2O（1mH_2O=9806.65Pa）。

④ 反渗透膜组件进水技术要求。

水温：15～25℃；污染指数：SDI值≤3.0；进水压力：≥0.3MPa。

(2) RO投运前应具备的条件

① 预处理来水污染指数应达到反渗透装置积水指标。

② 检查各压力容器、保安过滤器及转动设备正常。

③ 将主控盘上总电源及仪表电源合上，主控盘上高压泵开关置于停止位置。

④ 将所要启动的加药泵的开关置于停的位置。

⑤ 浓水、产水手动阀门开启，高压泵出口阀开启。

⑥ 各加药箱液位正常。

(3) 反渗透装置启动前的检查

① 检查反渗透装置进水管路冲洗情况：开启管路冲洗阀门，各管路进行冲洗，控制冲洗水量为60～80 m^3/h。

② 检查双介质机械过滤器。

③ 检查双介质机械过滤器来水是否合格。

④ 来水合格后，打开保安过滤器进水门、高压泵进水门，关闭反渗透进水球阀。

⑤ 将电控盘上控制总开关置于手动位置，手动开关各电动阀门检查是否符合要求。

(4) 反渗透设备的启动

反渗透装置整套系统的启动投运分两步：第一步为预处理设备，待进膜前RO供水水质指标合格时，才可投运RO设备；第二步整套反渗透装置运行。

手动投运程序如下：

① 打开保安过滤器前排水门，进行管路冲洗20～30min。

② 反渗透装置投运前30min启动阻垢剂加药泵进行加药：调整加药3mg/L。

③ 测定SDI值，SDI值≤3。

④ 测定SDI值合格后，打开保安过滤器的进水门，打开保安过滤器顶部，待其顶部排气门出水稳定后，关闭此阀门。

⑤ 打开高压泵出口门、RO 淡水排放门、关闭浓水排放电动门，打开手动阀，控制 RO 进水压力为 0.2～0.4MPa，进行低压冲洗 30min。

⑥ 冲洗结束后，关闭高压泵出口电动阀和球阀。

⑦ 启动高压泵，当出口压力稳定、电流正常后，手动缓慢打开球形阀，反渗透系统进水压力为 1.25MPa 左右。

⑧ 调整 RO 装置的淡水调节阀和浓水调节阀，使淡水出水为 $45m^3/h$，浓水为 $15m^3/h$。

(5) 反渗透装置的停运（手动运行状态下）

① 打开浓水排水电动阀。

② 停止高压泵运转。

③ 低压冲洗 10～20min。

④ 关闭进出电动门和手动门。

⑤ 停止加药。

系统停运一般不超过 7 天，在停运期间不能放水。若停运 7 天以上，需用药液进行保护。

(6) 反渗透装置运行中需注意的问题

① RO 在运行前，必须先检查高压泵出口门、浓水和产水排放门是否处于开启状态；否则在运行时可能会造成膜及管道的损坏。

② RO 产水达到设计值时，可适当降低进口压力和回收率，以利于 RO 膜的长期运行。

③ 当 RO 系统在运行中出现高低报警并停机时，不可马上复位运行：必须先检查清楚原因，处理后再重新启动 RO 系统。

④ 停机时应先停高压泵，后停供水，并对反渗透装置进行低压冲洗。

⑤ 注意阻垢剂加药箱有足够的药品和备用药品。

(7) 运行监护维护

① 运行人员必须按规定时间检查 RO 的进水、浓水的水质及流量、压力等参数。

② 当保安过滤器进出口压降达到 0.15MPa 或 SDI 值超限时，必须更换滤芯。

③ 3～6 个月进行一次清洗。

5.2.2.2.4　药液配制

① 主要设备：加药泵、搅拌机、配药罐。

② 阻垢剂药液的配制及加入。

③ 絮凝剂药液的配制及加入。

5.2.2.2.5　RO 装置的清洗

(1) 主要设备

清洗水泵、清洗罐、保安过滤器。

(2) 膜元件清洗的条件

下述三种情况只要遇到一种情况即需要考虑清洗措施：

① 标准化后，系统压差上升 15%；

② 标准化后，系统产水量下降 10%；

③ 标准化后，系统脱盐率上升 10%。

(3) 膜元件清洗的工艺流程（见图 5-12）

（4）清洗液的选择

根据 RO 膜元件的具体污染情况选用不同的清洗液：

① 污染物为 $CaCO_3$ 沉淀。

症状：脱盐率明显下降，进出口压差中等程度增长。

防止方法：控制进水 pH 值，控制运行回收率。

清洗液：盐酸，pH＝4；柠檬酸，pH＝4。

② 污染物为金属氧化物。

症状：脱盐率略有下降，进出口压差迅速增加，RO 淡水量减少，脱盐率极大降低。

防止方法：控制进水 pH 值，控制运行回收率。

清洗液：柠檬酸，pH＝4；亚硫酸氢钠。

③ 污染物为 $CaSO_4$ 沉淀。

症状：进出口压差逐渐增加，产水量略有下降，脱盐率明显下降。

防止方法：加阻垢剂。

清洗液：柠檬酸，pH＝4；盐酸，pH＝2。

（5）清洗液的配制

① 检查清洗水箱底部排放阀已关。

② 打开药箱清洗出水阀、淡水出水管与清洗水泵联络门，当水箱刻度接近满刻度时，关闭淡水出水管与清洗水泵联络门。

③ 启动清洗泵，当清洗泵出口压力稳定后开启清洗回流门，同时缓慢加入清洗液配方中的几种药。

④ 循环 10min 后，关闭清洗回流门，停清洗泵。

（6）清洗步骤

① 停运需要清洗的一系列装置。

② 检查该套装置已完全泄压至零。

③ 清洗装置电气盘送电。

④ 关闭 RO 原水进水门、淡水门、浓水流量调节阀、冲洗排放阀。

⑤ 开启清洗进水阀、清洗排放阀。

⑥ 启动清洗泵。

⑦ 用清洗过滤器出口门调整流量为 40～45m^3/h，清洗过滤器压力控制在 0.2～0.4MPa，循环 45min。

⑧ 清洗结束后，低压冲洗 1h。

5.2.2.2.6　RO 一般故障及异常处理

（1）供水 SDI 高

原因：双介质过滤器工作不正常，反正洗时间不足，内部构件损坏。

处理：更换双介质过滤器。

（2）高压泵入口压力低

原因：① 入口水流速小。

处理：提高入口水流速。

② 预处理系统压力低。

处理：提高前系统压力。

③ 保安过滤器芯变脏，压差过大。

处理：检查微过滤器滤元或更换滤芯。

④ 前系统阀门故障或未开足。

处理：检查前系统阀门并开足。

(3) 高压泵出口压力高

原因：① 泵出口阀门调节不当。

处理：重新调节高压泵出口阀开度。

② 是否有误操作。

处理：排除误操作。

③ 膜组件污堵、结垢。

处理：膜清洗或换膜。

(4) 淡水回收率低

原因：① RO 进水流动速率太大。

处理：降低 RO 系统进水流速。

② 进水压力低。

处理：提高供水压力。

③ 浓水排放门调整不当。

处理：重新调节浓水排放门。

(5) 产水量下降

原因：① 进水压力低，流量小。

处理：提高供水压力，调大进水流速。

② 进水含盐量太大。

处理：及时化验供水含盐量。

③ 有污染物或膜结垢。

处理：清洗膜元件或更换。

(6) RO 膜脱盐率低

原因：① 膜结垢或污染。

处理：清洗 RO 膜。

② 回收率太高。

处理：降低回收率，调整好浓水、淡水流量。

(7) 停电

原因：雷击、外网故障、内部短路过载停电。

处理：① 停电后为防止来电后高压泵自启动，要将控制总开关置于手动位置。

② 利用系统余压低压冲洗 10min。

③ 关闭 RO 进出水阀，保持膜的浸水状态，不可使膜元件失水干置。

④ 来电后，重新按启动 RO 过程启动。

参 考 文 献

[1] 张弓.化工原理.北京：化学工业出版社，2000.
[2] 张竞，李润堂、康发仁等编.精馏操作知识问答. 北京：化学工业出版社，1980.
[3] 刘家琪主编.分离过程.北京：化学工业出版社，2002.
[4] 于文国，程桂花.制药单元操作技术.北京：化学工业出版社，2010.
[5] 王学松. 膜分离技术及应用. 北京：科学出版社，1 994.
[6] 陆美娟. 化工原理. 北京：化学工业出版社，2003.
[7] 中华人民共和国职业技能鉴定规范. 北京：化学工业出版社，200 1.
[8] 周立青. 分离过程及设备. 北京：化学工业出版社，2000.
[9] 丁玉兴. 化工原理. 北京：科学出版社，2007
[10] 中华人民共和国劳动和社会保障部制定. 国家职业标准（蒸馏工、吸收工、结晶工）. 北京：化学工业出版社，2005.
[11] 吴卫，陈琏珍. 化工设计概论. 北京：科学出版社，2010.